念念不忘中国菜

嗯崽·著绘

中国纺织出版社有限公司

图书在版编目(CIP)数据

念念不忘中国菜 / 嗯崽著绘. -- 北京：中国纺织出版社有限公司，2025. 4. -- ISBN 978-7-5229-2651-3

I. TS971.2

中国国家版本馆CIP数据核字第2025V3C219号

责任编辑：胡　敏　　责任校对：寇晨晨　　责任印制：王艳丽

中国纺织出版社有限公司出版发行
地址：北京市朝阳区百子湾东里A407号楼　邮政编码：100124
销售电话：010—67004422　传真：010—87155801
http://www.c-textilep.com
中国纺织出版社天猫旗舰店
官方微博 http://weibo.com/2119887771
北京华联印刷有限公司印刷　各地新华书店经销
2025年4月第1版第1次印刷
开本：880×1230　1/32　印张：7.5
字数：135千字　定价：68.00元

前言

大家好！我是嗯嵬，是一位深深痴迷于美食世界的插画师。

在我看来，美食有着超越味觉的非凡意义。每一道精心烹制的菜肴，都是一段故事，一种情感的寄托。从街头巷尾的小吃，到精致典雅的盛宴佳肴，它们都是生活中不可或缺的美妙元素。中国幅员辽阔，各地美食丰富多样，每一道美食都是地域文化的鲜活体现。从四川的麻辣钵钵鸡到黑龙江的香脆锅包肉，从广东的温暖煲仔饭到北京的醇厚炸酱面……这些中国味道承载着当地的风土人情和历史记忆，陪伴着中国人的三餐四季，是中华饮食文化的瑰宝。

这本书中，记录了7大地区34个省市自治区共102道经典美食的详细做法，每道美食都融入了当地标志性的文旅元素，希望大家在品味美食的同时，也能感受到各地的文化风情，体验独特的烟火气。部分美食的制作方法我进行了简化、改良和创新，不管你厨艺几级，都能自己动一动手，解一解馋啦！

吃货嗯嵬

2025年3月6日

目录

麻辣鲜香的西南地区美食

四川

重庆

云南

贵州

碳水天堂的西北地区美食

浓郁豪放的东北地区美食

黑龙江

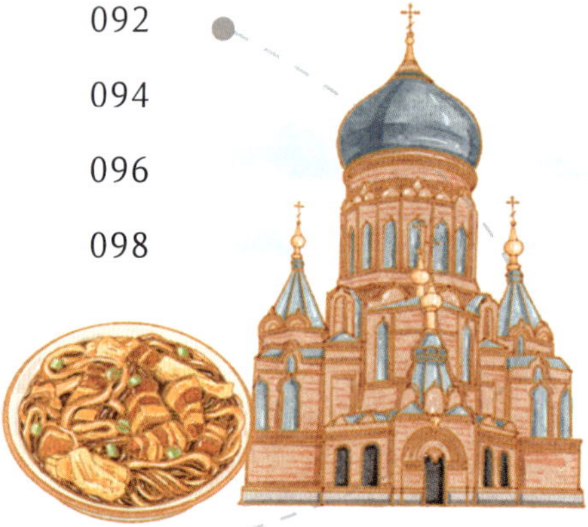

吉林

辽宁

精致鲜美的华东地区美食

浙江

江苏

上海

交汇融通的华南地区美食

广东

广西

海南

香港

澳门

丰富多样的华中地区美食

湖南

河南

湖北

味浓醇厚的华北地区美食

麻辣鲜香的西南地区美食

本书选取了代表性菜品中相对方便制作的，在后边内容中进行制作方法的完整呈现。

长江
索道
水煮鱼
火锅
人民解放纪念碑
解放碑
酸菜鱼
酸辣粉
辣子鸡
油茶
小面
黄果树瀑布
肠旺面
刺梨
酸汤鱼
野生菌
火锅
丝娃娃
酥油茶
藏佛塔

一元一串的
钵钵鸡

四川

钵钵鸡的历史已经有上百年了，是一道民间菜肴。钵钵鸡来自于乡村，带着与身俱来的纯真质朴的乡村气息。“钵钵”指的是瓦罐，钵外面是画着红黄相间的瓷质龙纹，因此就取名为钵钵鸡（又叫冷串串），因其具有麻辣爽口、食用方便、风味独特等优点，受到四川地区民众的广泛喜爱。可根据自己喜好备菜。

食材

钵钵鸡调料

葱段

姜片

料酒

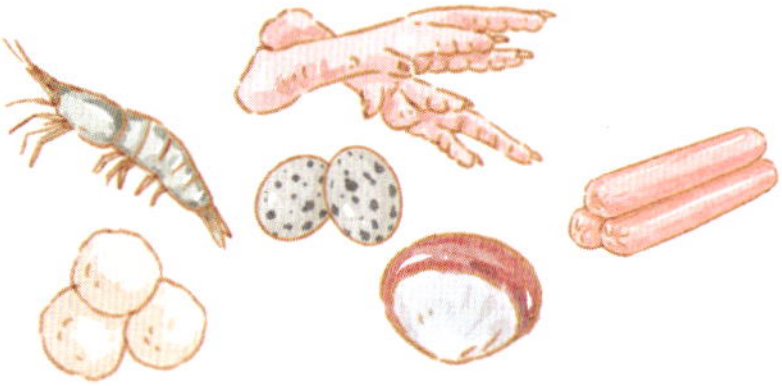
荤菜

素菜

步骤

步骤一：

荤菜冷水下锅，加葱段、姜片、料酒焯水去腥。

步骤二：

素菜和荤菜分开煮，煮熟捞出过凉水，沥干水分备用。

步骤三：

加入1包钵钵鸡调料，加入1000毫升水，凉水热水皆可泡，1包调料可以泡4~5斤的菜。

步骤四：

倒入煮好的菜，泡10分钟左右即可食用，稍微泡久一点更入味哦。

超级下饭的

麻婆豆腐

四川

麻婆豆腐的起源可追溯至清朝末年的四川成都，由一位脸上有麻子的妇女所创，人们称她为“陈麻婆”。因其独特的麻辣口味而备受欢迎，逐渐成为了店铺的招牌菜，并得名“麻婆豆腐”。陶谷的《清异录》第一次明确提到“豆腐”，而其详细做法则在《本草纲目》中最早出现。麻婆豆腐以豆腐作为主料，提供了丰富的植物蛋白和钙质，有助于增强体质和骨骼健康。

食材

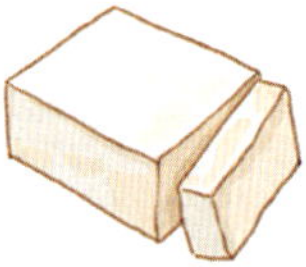

豆腐

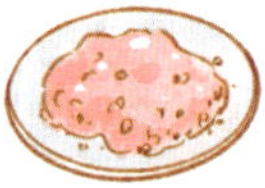

猪肉末

干辣椒

花椒

白糖

盐

油

生抽

老抽

豆瓣酱

玉米淀粉

花椒粉

葱花

步骤

步骤一：

豆腐切块，冷水下锅煮开， 3分钟后捞出备用。

步骤二：

准备调料汁：1勺生抽、小半勺老抽、半勺白糖、1勺玉米淀粉、少许盐、小半碗清水拌匀。

步骤三：

起锅热油下猪肉末炒至变色，下少许干辣椒段、花椒、1勺豆瓣酱，炒出红油。

步骤四：

倒入豆腐，轻轻翻炒均匀，加入料汁，煮至汤汁浓稠，撒上葱花和适量的花椒粉即可出锅。

咸鲜酸甜的

鱼香肉丝

📍四川

鱼香肉丝是一道著名的川菜，它的历史可以追溯到民国初年，由四川的厨师首创。这道菜的名字虽然叫作“鱼香肉丝”，但实际上并不含有鱼肉，而是因为其调味方式模仿了四川民间烹鱼的方法而得名。其历史文化深厚，体现了川菜调味的细腻平衡与丰富层次。

食材

里脊肉　胡萝卜　青椒　木耳　葱段　姜丝　蒜片

油　生抽　蚝油　醋　料酒　玉米淀粉　豆瓣酱　白糖

步骤

步骤一：

里脊肉、胡萝卜、青椒、木耳切丝。

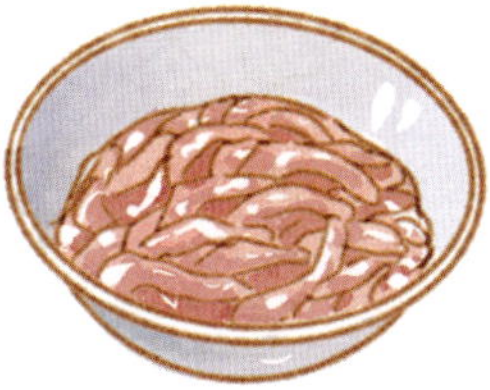

步骤二：

肉丝放1勺料酒、1勺生抽、1勺玉米淀粉抓匀腌制5分钟。

步骤三：

准备调料汁：1勺生抽、2勺醋、1勺白糖、1勺蚝油、1勺玉米淀粉、小半碗清水拌匀。

步骤四：

起锅热油下葱段、姜丝、蒜片、1勺豆瓣酱爆香，接着放下肉丝划开，翻炒至变色。

步骤五：

下配菜翻炒至断生后，下料汁快速翻炒起锅 。

香辣回味的

回锅肉

四川

回锅肉古时称为“油爆肉”，味道偏向于咸鲜。到了明清时期，辣椒的传入，致使回锅肉基本定型。在烹制过程中，需要将已经煮熟的猪肉片重新放回锅中翻炒，因此得名“回锅肉”。这种烹饪方法使得肉片更加入味，口感独特，成为了川菜中的经典之作。

食材

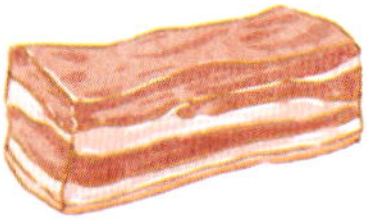

五花肉

蒜苗

青椒

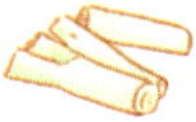

葱段

姜片

蒜片

油

生抽

蚝油

料酒

豆瓣酱

鸡精

白糖

步骤

步骤一：

五花肉冷水下锅，1勺料酒、葱段、姜片煮20分钟捞出切片，蒜苗、青椒切段。

步骤二：

起锅放少许油，下五花肉煸炒至微卷，放蒜片和1勺豆瓣酱炒香，再放青椒翻炒。

步骤三：

锅里放1勺生抽、1勺蚝油、适量白糖、少许鸡精翻炒调味，最后下蒜苗段翻炒一下，装盘即可。

酸甜嫩滑的

宫保鸡丁

四川

宫保鸡丁由清朝山东巡抚、四川总督丁宝桢所创，他对烹饪颇有研究，喜欢吃鸡和花生米，尤其喜好辣味。他在山东为官时，曾命家厨将鲁菜“酱爆鸡丁”改良为辣味炒制。后来在四川，将此菜推广开来。丁宝桢因治蜀有功，被追赠为“太子太保”，别称“宫保”，此菜由比得名，鲜嫩的鸡肉与香脆的花生相得益彰。

食材

鸡胸肉　油酥花生　大葱段　蒜末　干辣椒　白糖　盐

油　生抽　醋　蚝油　料酒　豆瓣酱　玉米淀粉　白胡椒粉

步骤

步骤一：

鸡胸肉切丁，加1勺料酒、少许盐、白胡椒粉、1勺玉米淀粉抓匀腌制10分钟。

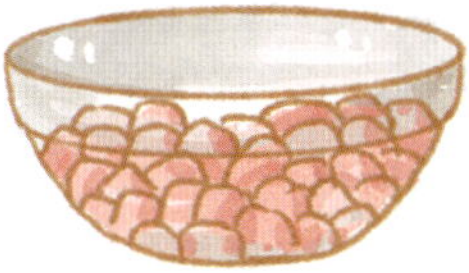

步骤二：

准备调料汁：2勺生抽、2勺醋、1勺蚝油、1勺白糖、1勺玉米淀粉，加入适量清水拌匀。

步骤三：

锅热放油下鸡肉划散，炒至变色盛出，锅留底油下蒜末、干辣椒段炒香，加1勺豆瓣酱炒出红油。

步骤四：

下鸡丁翻炒，加入大葱段，淋上料汁，加入油酥花生，大火翻炒收汁即可。

火辣开胃的
夫妻肺片

四川

相传在清朝末年，成都街头巷尾有许多挑担、提篮叫卖凉拌肺片的小贩。他们用成本低廉的牛杂碎边角料，经清洗、卤煮后切片，佐以酱油、红油、辣椒、花椒粉、白芝麻等拌食，风味别致。后因一对夫妻打响了名气，因其食材是牛肉铺的边角料，“废”与“肺”谐音，逐渐演化为“夫妻肺片”。

食材

牛肉　牛杂　油酥花生　辣椒油　蒜末　香菜　葱花

香油　生抽　白芝麻　香料　花椒粉　味精　白糖　盐　花椒

步骤

步骤一：

牛肉、牛杂焯水后洗净，用香料、盐、花椒等各种调料卤制，卤煮到肉料耙而不烂。

步骤二：

放凉的牛肉、牛杂切成大薄片备用。

步骤三：

切好的牛肉、牛杂加入2勺卤汁、2勺生抽、1勺香油、1勺白糖、少许味精、少许花椒粉、3勺辣椒油、适量白芝麻、油酥花生、葱花、蒜末、香菜拌匀。

跷着脚吃的
跷脚牛肉

四川

跷脚牛肉源自四川乐山，其起源可追溯至20世纪30年代初，由一位老中医创制，最初是为了救济过往行人。后来，这道菜因其鲜美的汤底和独特的药膳功效而广受欢迎，并逐渐发展成为乐山地区的非遗美食。由于食客们常因没有座位而站着或蹲着吃，甚至跷着脚坐在台阶上享用，因此得名。跷脚牛肉具有温补功效，特别适合寒冷冬季食用。

食材

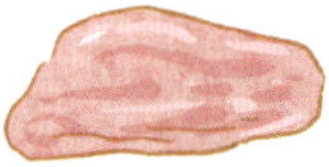
牛肉

牛骨

白菜

萝卜

香料

玉米淀粉

料酒

香菜

葱花

姜片

盐

白胡椒粉

辣椒面

步骤

步骤一：

牛骨加姜片、香料熬煮40分钟，再加盐和白胡椒粉调味。

步骤二：

牛肉切薄片，加1勺料酒、少许白胡椒粉和盐、1勺玉米淀粉调味腌制。

步骤三：

另起锅，倒入炖好的高汤煮开，下白菜、白萝卜片，快煮熟后下牛肉片一起煮，都煮熟后放香菜段、葱花起锅。

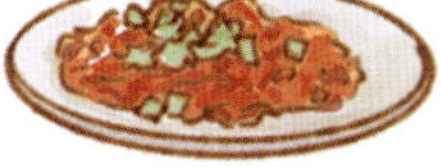

步骤四：

准备蘸料：辣椒面、葱花、香菜。

数着签吃的

串串香

四川

相传古时在气候阴湿多雾的川蜀地区，长年劳作的船工和纤夫们坐成一圈，支起灶台，就地取材，拔些野菜，放入花椒、辣椒等调料，涮烫食之。这种吃法既可果腹，又可驱寒、祛湿。这也就是串串香的原型。后来这种涮烫食品的习俗得以沿袭，逐渐发展成了今天在大街小巷经常看到的串串香。

食材

鸳鸯火锅底料

蘸料

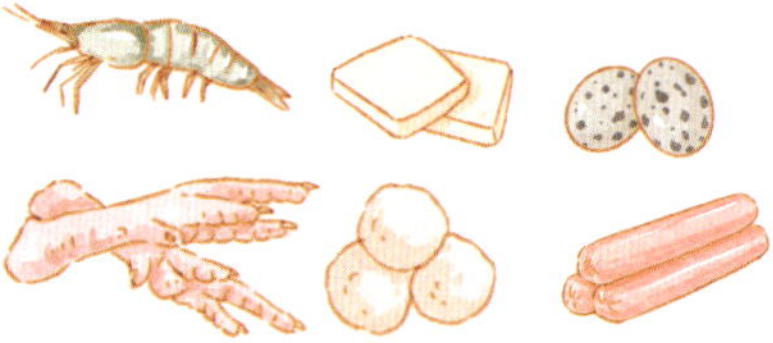

荤菜

素菜

步骤

步骤一：

选择个人喜好的菜品，洗净切块后用竹签串好备用；再准备一个喜欢的蘸料。

步骤二：

鸳鸯锅里放火锅底料，加入适量的开水或者高汤煮开。

步骤三：

底料煮化后，食材放进去煮熟即可。

挑扁担卖的

担担面

四川

担担面是四川省的传统小吃，起源于自贡或成都，历史可追溯至1841年，由挑夫沿街叫卖而得名。其面条细薄，卤汁酥香，以麻辣鲜香著称，是四川小吃中的经典之作。担担面富含碳水化合物，能为人体提供所需能量，且具有开胃助消化的效果。

食材

面条

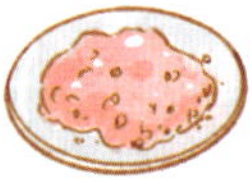
猪肉末

芽菜

青菜

姜蒜末

葱花

油

生抽

老抽

料酒

醋

芝麻酱

辣椒油

白糖

盐

步骤

步骤一：

锅热放油下猪肉末炒散后盛出备用，锅内剩油下葱花、姜蒜末爆香，再放入芽菜、猪肉末煸炒，加1勺料酒、1勺老抽、1勺白糖炒匀。

步骤二：

碗底加1勺芝麻酱、1勺生抽、1勺辣椒油、少许白糖、少许盐、少许老抽、少许醋、蒜末搅匀。

步骤三：

开水下锅将面条煮熟，青菜煮熟，捞入碗中，往碗中面条里倒入适量面汤。加上炒好的肉末芽菜酱，撒上葱花即可。

红红火火的

水煮鱼

重庆

据说重庆厨师巧妙地将鱼片与花椒、辣椒及香料相结合，从而诞生了“水煮鱼”这道香辣诱人的美食。其特点主要体现在“油而不腻、辣而不燥、麻而不苦、肉质滑嫩”上。名为“水”煮鱼，实为“油”煮，鱼肉经过腌制和煮制，口感更加滑嫩可口，入口即化。同时，水煮鱼还以其麻辣鲜香的口感著称，“麻上头，辣过瘾”，令人回味无穷。

食材

草鱼

黄豆芽

鸡蛋

干辣椒

花椒

玉米淀粉

豆瓣酱

油

料酒

白芝麻

白胡椒粉

葱花

姜片

蒜末

盐

步骤

步骤一：

洗净的生鱼肉片加1勺料酒、1勺白胡椒粉、1个蛋清、3勺玉米淀粉抓匀腌制30分钟。

步骤二：

起锅油热下1勺豆瓣酱，再放干辣椒段、花椒、蒜末、姜片一起炒，炒出香味，加适量的清水烧开。

步骤三：

放入1勺盐，放入黄豆芽煮熟捞出，铺在深盆的底部待用。

步骤四：

下鱼骨和鱼头煮10分钟后下鱼片，鱼片变白后关火，将鱼和汤汁一起倒入铺好豆芽的盆中。上面放上干辣椒段、花椒、白芝麻、蒜末、葱花，然后淋上热油。

吃了上瘾的

酸菜鱼

重庆

酸菜鱼起源于重庆江津的江村渔船，当地渔夫将鲜鱼与酸菜同煮，味道鲜美，逐渐流传开来。后来，经过餐馆的改良和推广，酸菜鱼成为重庆江湖菜的代表之一，并迅速走向全国。鱼肉鲜嫩爽滑，入口即化；汤汁金黄，酸菜脆嫩可口，酸辣开胃，酸菜的酸味与辣椒、花椒的麻辣味相互交融，香气扑鼻，令人食欲大增。

食材

草鱼 金针菇 鸡蛋 干辣椒 青花椒 泡酸菜 泡椒 蒜末

油 料酒 玉米淀粉 白芝麻 白胡椒粉 葱花 姜片 盐

步骤

步骤一：

洗净的生鱼肉片加1勺料酒、1勺白胡椒粉、1个蛋清、3勺玉米淀粉抓匀腌制30分钟。

步骤二：

起锅油热放姜片、蒜末爆香，放切段的泡椒、泡酸菜炒出香味，加适量的清水烧开。

步骤三：

放入1勺盐，放入金针菇煮熟捞出，铺在深盆的底部待用。

步骤四：

下鱼骨和鱼头煮10分钟后下鱼片，鱼片变白后关火，将鱼和汤汁一起倒入铺好豆芽的盆中。上面放上干辣椒段、青花椒、白芝麻、蒜末、葱花，然后淋上热油。

诱惑味蕾的
辣子鸡

重庆

辣子鸡的历史可追溯到20世纪80年代，由重庆歌乐山镇的林中乐餐厅率先推出。创始人朱天才经过3年的反复试验，终于创造出了这道麻辣鲜香、口感酥脆的辣子鸡。这道菜以其独特的口味迅速走红，并带动了周围餐馆的竞相模仿，形成了赫赫有名的“辣子鸡一条街”。

食材

鸡腿　干辣椒　花椒　葱花　蒜片　姜丝　鸡精　白糖

油　生抽　蚝油　料酒　玉米淀粉　白芝麻　白胡椒粉　盐

步骤

步骤一：

干辣椒切成小段，鸡腿切小块后清洗干净控干水分。

步骤二：

鸡肉加姜、1勺料酒、2勺生抽、少许白胡椒粉、1勺蚝油、2勺玉米淀粉抓匀腌制20分钟。

步骤三：

锅中放多点油，油温6成热下入鸡肉炸至金黄色捞出，油温再次升高复炸1分钟捞出。

步骤四：

锅中留少许底油下入花椒、蒜片和干辣椒段小火炒香。下炸好的鸡肉，加1勺生抽、适量盐和少许白糖、鸡精，最后撒入白芝麻和葱花翻炒均匀即可。

热情似火的

重庆火锅

重庆

重庆火锅的历史可追溯至宋朝甚至更早时期，起源于长江流域的渔民或重庆码头文化。渔民们或码头工人为了驱寒祛湿，将辣椒、花椒等香料与食材一同煮熟，形成了火锅的雏形。经过数百年的发展，重庆火锅逐渐演变成今天这种麻辣鲜香、食材丰富的美食。

食材

火锅底料

油

香油

盐

蒜末

葱花

荤菜

素菜

步骤

步骤一：

菜品预处理好。

步骤二：

底料炒制：锅内放油，油热后全程小火炒火锅底料，炒出香味后加水烧开。

步骤三：

准备蘸料：蒜末、葱花、香油、少许盐。

步骤四：

水沸腾后下自己喜欢的菜即可。

麻辣解馋的

重庆小面

重庆

重庆小面是重庆地区的特色面食，其历史可追溯至20世纪30年代，最初被称为“素小面”，是码头工人和市民喜爱的便捷街头小吃。随着城市化发展，小面逐渐进入餐厅，并演变出丰富多样的口味。其主料为新鲜小麦粉面条，重庆人称为“水面”“水叶子”。

食材

面条　青菜　榨菜末　辣椒油　猪油　葱花

生抽　花椒粉　白芝麻　鸡精　姜蒜末　盐

步骤

步骤一：

碗里放榨菜末、2勺辣椒油、2勺生抽、姜蒜末、葱花、少许花椒粉、盐、鸡精、白芝麻、少许猪油备用。

步骤二：

锅里加入足量水烧开，放入面条和青菜。

步骤三：

碗里加入热的面汤，调料化开后将煮熟的青菜和面条捞至碗中。

一口入魂的

酸辣粉

重庆

酸辣粉是重庆、四川一带的传统特色小吃，其历史可追溯至明清时期。粉条由红薯、豌豆淀粉为主要原料，然后由农家用传统手工漏制，其味道麻、辣、鲜、香、酸且油而不腻。在重庆大街小巷都可看到其身影。

食材

红薯粉条

青菜

榨菜末

辣椒油

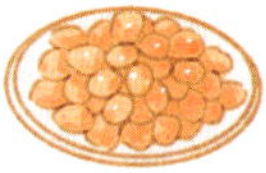

油酥花生

姜蒜末

生抽

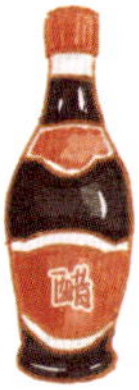

醋

白芝麻

鸡精

花椒粉

白糖

盐

葱花

步骤

步骤一：

红薯粉条提前用温水泡软。

步骤二：

碗中放榨菜末、2勺辣椒油、2勺生抽、2勺醋、半勺白糖、适量盐、姜蒜末、少许花椒粉、葱花、鸡精、白芝麻、油酥花生。

步骤三：

起锅烧水，分别将青菜和粉条煮熟，盛调料的碗里加入热汤，将青菜和粉条捞到碗中。

传说丰富的

过桥米线

云南

过桥米线是云南美食的代表之作，起源于清光绪年间的云南蒙自地区，已有百余年历史。它采用无火烹饪方式，通过热汤烫熟各种生料，保留了食材的原始风味和营养。据说这种方式是由当时一位书生的妻子发明的，她给书生送饭要经过一座桥，故而取此名。其汤底由猪骨、鸡骨等熬制数小时而成，配菜丰富，满足了人体对各类营养物质的需求。

食材

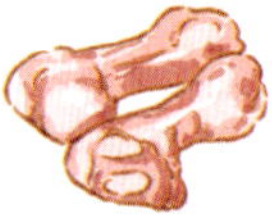
猪骨

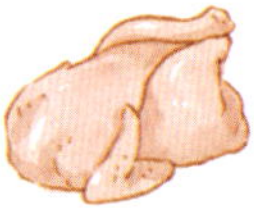
鸡肉

米线

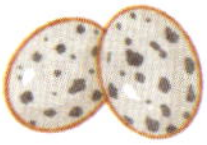
鹌鹑蛋

韭菜

火腿

豌豆尖

虾

绿豆芽

姜片

虫草花

白胡椒粉

盐

油

步骤

步骤一：

处理好猪骨和鸡肉，炒锅加油炒至肉变金黄，放姜片加开水煮开，撇去浮末转砂锅，小火炖2小时，最后加盐和少许白胡椒粉调味。

步骤二：

韭菜切段，绿豆芽、米线焯水备用，火腿切片，虾去壳。

步骤三：

滚烫的高汤盛出，加入准备好的配菜和米线烫熟即可。

滴水不加的

汽锅鸡

云南

汽锅鸡是云南省建水县的一道特色名菜，属于滇菜系。相传，这道菜由临安府（今建水县）福德居的厨师杨沥所创，专为取悦巡视至此的皇帝而制。汽锅鸡的独特之处在于使用汽锅蒸制，保留了鸡肉的原汁原味，肉质鲜嫩多汁，且富含蛋白质、氨基酸等营养成分，具有补血、健脾开胃的功效。

食材

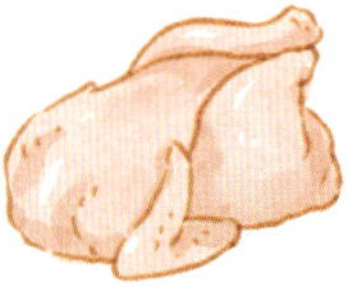

土鸡

香菇

羊肚菌

虫草花

红枣

枸杞

姜片

盐

步骤

步骤一：

土鸡切块洗净，控水备用，菌菇、虫草花提前用清水浸泡洗净。

步骤二：

将鸡块放入汽锅中，上面放上姜片、香菇、羊肚菌、虫草花、红枣。

步骤三：

找一个和汽锅底部大小相符的锅，锅内加7成左右的水，锅口部围上毛巾，再架上汽锅。

步骤四：

大火烧开，然后转小火炖2~3小时，打开锅盖，放枸杞和适量的盐调味，再继续煨15分钟即可。

滋补养生的

野生菌火锅

云南

野生菌火锅是云南特有的美味，楚雄野生菌火锅更是云南六大名吃之一。云南复杂的地形地貌和多样的气候条件孕育了丰富的野生食用菌资源，使得云南成为了“野生菌王国”，也让野生菌火锅成为了当地饮食文化的重要组成部分。野生菌火锅以生态食材为特色，味道鲜美，深受食客喜爱。

食材

野生菌（牛肝菌、松茸、鸡枞等）

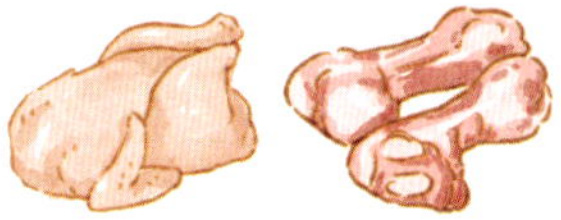

土鸡/猪骨

荤菜

素菜

料酒　白胡椒粉　姜片　葱段　红枣　枸杞　盐

步骤

步骤一：

处理野生菌，清洗干净后切片。

步骤二：

熬制高汤底：将土鸡或猪骨放入锅中，先放姜片、葱段、料酒焯水后，再换砂锅加足够的水，烧开后转小火慢炖2~3小时，中途加入红枣、枸杞和适量的盐、白胡椒粉，直至汤色浓郁金黄。

步骤三：

将熬制好的高汤底倒入火锅锅具中，保持微沸状态。依次放入切好的野生菌片，根据个人喜好加入新鲜素菜和荤菜。

酥香养颜的

鲜花饼

云南

鲜花饼由清朝时期的一位制饼师傅创造，由于鲜花饼具有花香沁心、甜而不腻、养颜美容的特点，而广为流传。食用玫瑰花的花期有限，而这种饼只用食用玫瑰花的花瓣，这也是鲜花饼颇显珍贵的一个原因。

食材

油皮

中筋面粉 200克

开水 100毫升

白糖 30克

猪油 100克

油酥

低筋面粉 180克

猪油 80克

馅料

低筋面粉 50克

玫瑰花馅 300克

玉米油 20克

步骤

步骤一：

制作馅料：

低筋面粉小火平底锅炒至微黄，然后将玫瑰花馅、熟低筋面粉、玉米油混合成团，平均分成20份，冷藏备用。

制作油皮：

开水烫面中筋面粉，搅拌成絮状，再加入白糖、猪油，揉成光滑面团，冷藏松弛1小时。

制作油酥：

低筋面粉、猪油抓匀成团，放入冰箱冷藏。

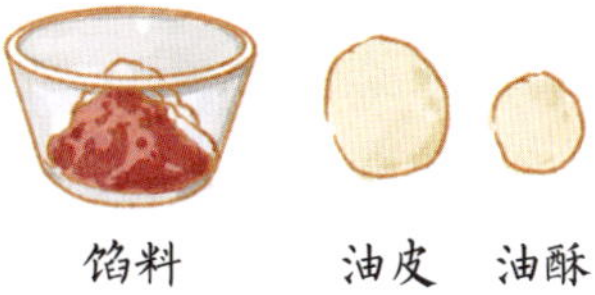

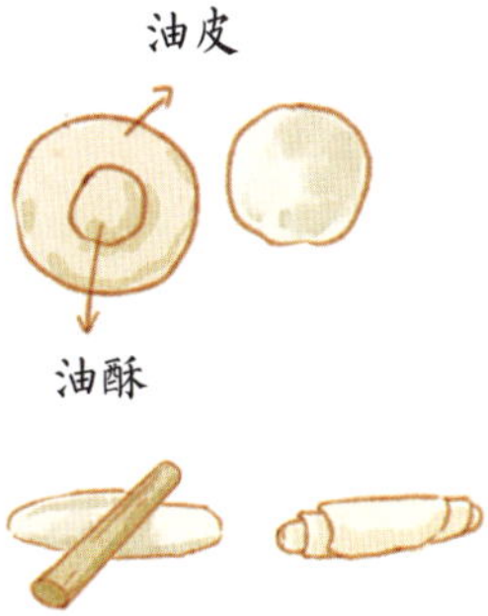

步骤二：

松弛结束后，油皮油酥平均分成20个，油皮擀开包入油酥，收口收紧，擀成牛舌状，自上而下卷起，盖保鲜膜松弛15分钟。烤箱190度提前预热。

步骤三：

面团擀成圆面皮，包入玫瑰花馅，收圆，用手掌轻轻按压成圆饼。烤箱上下火180度，烤35分钟。可根据自家烤箱，适当调整温度和时间。

酸辣爽口的

丝娃娃

贵州

丝娃娃，别名素春卷，是贵州省贵阳市的一种常见的地方传统小吃。在贵阳各地，都能看见它的身影。据传起源于贵阳民间，背后隐藏着乡亲们互助的温馨故事。丝娃娃酸辣爽口的口感，也使其深受食客喜爱。

食材

面皮

豆干

黄瓜

莴笋

胡萝卜

豆芽

贵州浓缩酸汤

木姜子油

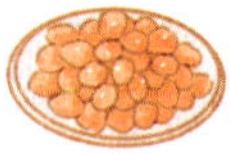
油酥花生

胡辣椒面

折耳根

藕

步骤

步骤一：

豆干、黄瓜、莴笋、胡萝卜、藕切丝，折耳根洗净切段；豆芽、藕、莴笋焯水，然后装盘备用。

步骤二：

贵州浓缩酸汤加水调和，根据个人喜好添加木姜子油、胡辣椒面等调味拌匀。

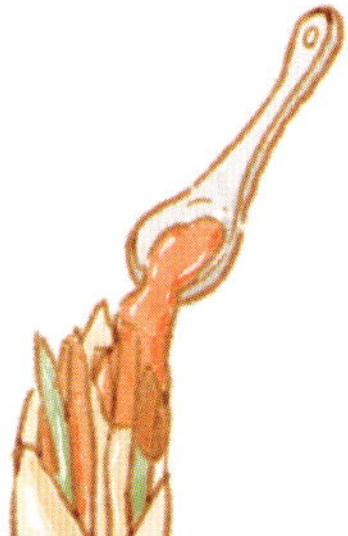

步骤三：

把自己喜欢的菜装进面皮包裹好，灌入酸汤。

面皮可以自己烙，也可以买现成的。配菜根据自己爱好准备。

香辣过瘾的

肠旺面

贵州

肠旺面始创于晚清。其寓意吉祥、兴旺，代表团结和谐。据说在100多年前，贵阳北门桥头有傅、颜两家面馆，他们用猪肥肠和猪血旺做成肠旺面，以招徕前来买肉买菜的顾客。两家面馆互相竞争，使肠旺面的质量不断提高，最后在贵阳卖出了名气。

食材

面条

猪血

卤肥肠

脆哨

豆芽

葱花

生抽

老抽

鸡精

辣椒油

盐

步骤

步骤一：

猪血切块，卤肥肠切段，豆芽洗净。

步骤二：

起锅烧水煮熟豆芽、面条、猪血；面碗中放1勺生抽、1勺老抽、1勺辣椒油、少许鸡精、盐，再加适量的面汤。

步骤三：

把煮熟的面条、豆芽、猪血放到碗里，再放上卤肥肠、脆哨，最后撒上葱花即可。

咸香浓郁的

酥油茶

西藏

酥油茶是藏族的传统饮品。相传，酥油茶起源于一段凄美的爱情故事，象征着爱情的坚贞不渝。其高热量并富含维生素和矿物质，有助于补充能量、抵御寒冷、预防动脉硬化和延缓衰老。在藏族人民的日常生活中，酥油茶不仅是饮品，更是文化传承和生活记忆的重要载体。

食材

酥油50克

砖茶10克

盐5克

纯牛奶200毫升

水1000毫升

步骤

步骤一：

将水煮开后，放入适量砖茶茶叶，转中小火将茶水煮沸5~10分钟，直到茶叶出味变成深色的茶汤。

步骤二：

将煮好的茶汤用过滤网过滤，倒入搅拌器中，加入酥油、盐、纯牛奶。

步骤三：

打开搅拌器“搅拌功能”充分搅拌，酥油完全溶解，并且茶汤呈现乳白色和浓稠的状态即可。

碳水天堂的西北地区美食

本书选取了代表性菜品中相对方便制作的，在后边内容中进行制作方法的完整呈现。

烩羊杂碎
兰州牛肉面
莫高窟
青海三烧
葡萄
烤包子
油塔子
烤馕
切糕
手抓饭
薄皮包子
烤羊肉串
大盘鸡
炒米粉
国际大巴扎

喷香汁浓的

肉夹馍

陕西

肉夹馍是陕西省的特色美食，历史可追溯至秦汉时期。其以面粉和猪肉为主要食材，馍皮酥脆，肉质软烂，香气四溢。肉夹馍名字的由来，一种说法是“肉夹于馍”的简称，另一种说法是和陕西方言有关，“馍夹肉”听起来像“没夹肉”，为避免误解，商家就倒过来叫“肉夹馍”。

食材

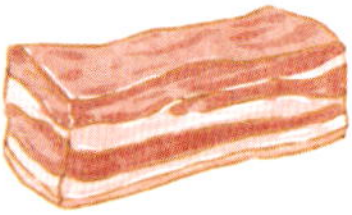
五花肉

面粉

酵母粉

青椒

香菜

油

料酒

卤料包

姜片

葱段

步骤

步骤一：

五花肉洗净放葱段、姜片、料酒焯水后，另起锅加水加卤料包炖煮1小时左右至肉完全软烂。

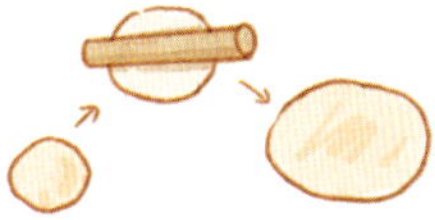

步骤二：

500克面粉加5克酵母、250毫升温水，温水慢慢边倒边搅拌，然后揉成光滑的面团，密封饧发30分钟。取出面团，揉搓成长条，切成等份小剂子，小剂子再搓成长条，擀成长舌状，从一端卷起来，收尾尾部按扁放底下，用擀面杖擀成圆饼。

步骤三：

平底锅热后倒少许油，中小火烙至两面金黄，饼鼓起来即可。

步骤四：

香菜、青椒、卤肉一起剁碎，烙好的饼从中间切开装上满满的卤肉，最后淋上卤肉的汤汁即可。

爽滑开胃的

凉皮

陕西

相传陕西凉皮起源于秦始皇时期，当时陕西户县秦镇一带发生大旱，百姓无法向朝廷纳供大米。有一个叫李十二的人用大米碾成米粉，蒸出米皮献给秦始皇。秦始皇吃后大喜，命每天制作食用。这便形成了久负盛名的陕西凉皮。其口感爽滑、酸辣可口，四季皆宜，深受人们喜爱。

食材

凉皮　黄瓜　面筋　蒜末　葱花　油酥花生

香醋　生抽　蚝油　白芝麻　辣椒油　白糖　盐

步骤

步骤一：

黄瓜洗净切丝备用。

步骤二：

准备调料汁：蒜末、2勺生抽、1勺蚝油、1勺白糖、1勺香醋、1勺辣椒油、1勺白芝麻、少许盐拌匀。

步骤三：

碗里放凉皮，再淋上调好的调料汁，放上面筋、葱花、油酥花生、黄瓜丝拌匀即可。

汤浓味醇的

羊肉泡馍

陕西

羊肉泡馍最早可追溯至西周时期，当时被称为“羊羹”，是一种宫廷御膳。隋朝谢讽《食经》中记载的“细供没忽羊羹”，是最初羊肉羹与面食结合的烹调形式。羊肉泡馍以羊肉、馍及多种调料为主要食材，烹制精细，口感醇厚，肉质软烂，汤浓味美，营养价值丰富。馍需手工掰成小块，与羊肉汤一起煮制。

食材

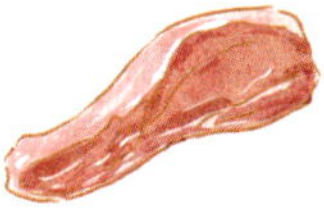
羊肉

馍馍

黄花菜

木耳

粉丝

糖蒜

白胡椒粉

辣椒油

白糖

盐

香菜

葱花

步骤

步骤一：

用带骨头的羊肉提前炖好羊汤，木耳、黄花菜、粉丝提前泡发。

步骤二：

羊肉汤在小锅中煮沸，放入掰成小块的馍馍，让馍馍吸饱汤汁。

步骤三：

放入黄花菜、木耳、适量的盐、白胡椒粉、少量白糖搅拌均匀，煮2分钟左右，放粉丝煮1分钟。

步骤四：

关火撒葱花、香菜碎，再配上辣椒油、糖蒜即可。

炊具独特的

甑糕

陕西

甑糕是西安、关中地区、晋南地区的传统风味小吃，以糯米、红枣或蜜枣等为主要食材，口感香甜软糯，枣香浓郁。甑，是中国古代一种非常古老的蒸器，有陶制、铜制、木制、铁制等，后来经过民间传承，甑糕保留了铁甑蒸制的传统工艺，因而风味独特。

食材

糯米

红芸豆

红糖

红枣

蜜枣

步骤

步骤一：

糯米、红芸豆分别提前浸泡一晚。红枣去核备用。

步骤二：

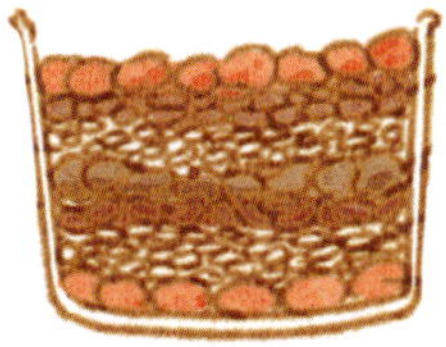

把食材按照红枣—糯米—红芸豆—蜜枣—糯米—红芸豆—红枣的顺序一层一层放入电饭锅，最后加入红糖水，水位没过食材。

步骤三：

煮饭模式煮好后，再加一点水再煮一次，熟了之后把枣抹平即可。

很有文化的

BIANG BIANG面

陕西

BIANG BIANG面是陕西关中地区的一种传统风味面食，名字来源于制作过程中面条在案板上摔打时发出的“BIANG BIANG”声。这种面食的历史可追溯至秦朝时期，其宽厚的面条和浓郁的臊子汤是其特色。其名字“BIANG”字笔画复杂，多达56画，成为陕西面食文化的象征。

食材

面粉

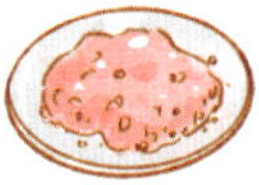

猪肉末

番茄

鸡蛋

青菜

油

辣椒面

姜蒜末

盐

葱花

步骤

步骤一：

提前炒好肉臊子、番茄鸡蛋卤备用。

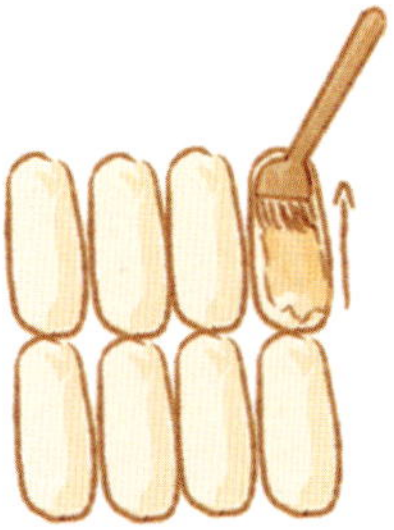

步骤二：

300克面粉加150毫升温水和3克盐揉成粗面团，盖上保鲜膜饧发15分钟，再揉成光滑面团饧发30分钟，取出面团搓成圆柱状，切成大小平均的小块，刷油盖上保鲜膜饧发1小时。

步骤三：

用擀面杖擀成短粗的椭圆面片，两手捏住两端均匀用力拉长拉大，开水下锅煮熟后捞到碗里备用。

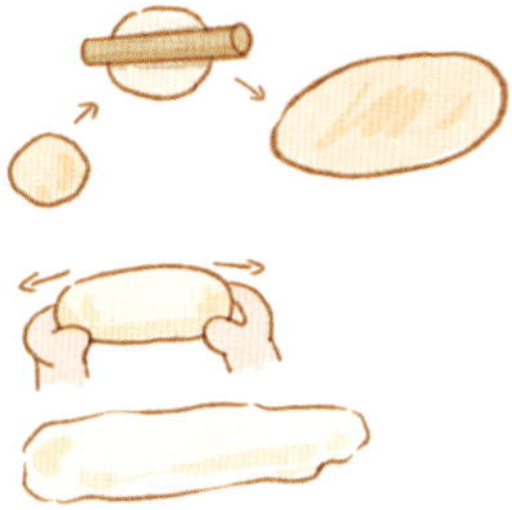

步骤四：

根据喜好放入姜蒜末、葱花、辣椒面，淋上热油，最后盛入肉臊子和番茄鸡蛋卤拌匀即可。

历史悠久的

臊子面

陕西

臊子面是中国北方的特色传统面食之一，以宝鸡的岐山臊子面最为正宗。其起源可追溯至西周时期，被誉为“周礼文化的活化石”。对于陕西人来说，臊子的配色尤为重要，黄色的鸡蛋皮、黑色的木耳、红色的胡萝卜等材料，既好看又好吃。

食材

猪肉末　面条　豆角　木耳　胡萝卜　土豆　鸡蛋

油　料酒　香醋　老抽　十三香　鸡精　白胡椒粉　盐

步骤

步骤一：

豆角、胡萝卜、泡好的木耳、土豆切丁，摊一个鸡蛋饼切丝。

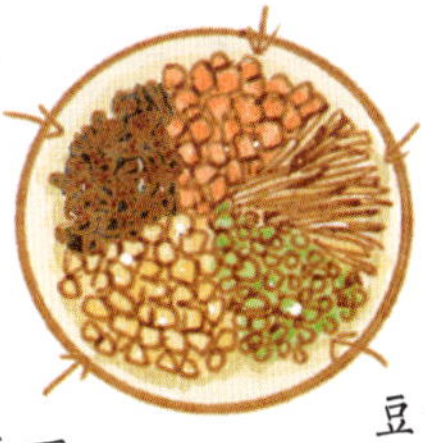

步骤二：

起锅热油放猪肉末煸炒出油脂，然后放1勺香醋、1勺老抽、少许白胡椒粉调味，接着放蔬菜丁一起翻炒，再放适量的盐、鸡精、十三香，翻炒至八九成熟加开水没过食材，煮熟后关火。

步骤三：

另起锅烧水煮面，煮好捞出面条盛入碗中，浇上臊子和汤汁即可。

香味扑鼻的

油泼面

陕西

油泼面现以西安、咸阳油泼面最为著名，有鲜香味、酸辣味、香辣味。它起源于周朝，当时被称为“礼面”，后经历秦汉时期的“汤饼”、隋唐时期的“长命面”、宋元时期的“水滑面”，逐渐演变为现今的油泼面。

食材

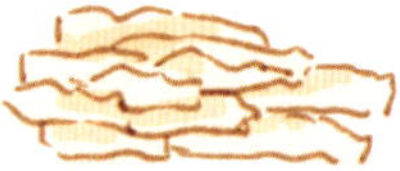
刀削面

青菜

辣椒面

白芝麻

蒜末

油

生抽

老抽

香醋

盐

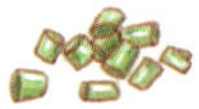
葱花

步骤

步骤一：

锅中烧水，水开下入刀削面，煮熟捞出装入碗中。

步骤二：

将洗好的青菜放入锅中烫熟捞出倒入碗中。

步骤三：

面碗中放少许老抽、1勺生抽、1勺香醋、少许盐、蒜末、葱花、辣椒面、白芝麻，浇上热油拌匀即可。

走向世界的

兰州牛肉面

甘肃

兰州牛肉面，是甘肃省兰州市最具特色的大众化经济面食。始于清朝嘉庆年间，发明人是国子监太学生陈维精。后来，经陈氏后人陈和声、回族厨师马保子等人改良，它以“一清（汤清）、二白（萝卜白）、三红（辣椒油红）、四绿（香菜、蒜苗绿）、五黄（面条黄亮）”为特色，口感鲜美，营养丰富。

食材

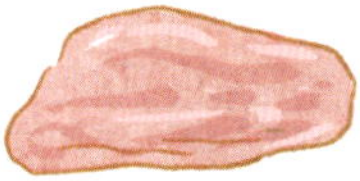

牛肉

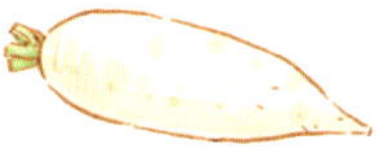

白萝卜

面条

姜片

葱段

葱花

料酒

白胡椒粉

香料

辣椒油

盐

香菜

步骤

步骤一：

牛肉冷水浸泡2小时，冷水下锅加葱段、姜片、料酒焯水后重新起锅烧水，加入香料、白胡椒粉、盐中小火慢炖2小时，捞出切片备用。

步骤二：

起锅烧水，水开放白萝卜片煮软捞出备用，接着换水煮面条，面条煮熟后捞到碗里。

步骤三：

碗里放入牛肉片，再盛入牛肉汤，放上萝卜片、葱花、香菜碎、辣椒油即可。

满口肉香的

青海三烧

青海

“青海三烧”是青海十大经典名菜之一，也是青海“老八盘”宴席中的经典菜品。它以羊筋为主料，配以肉丸、肉块和土豆块，加入姜粉、胡椒粉等调料烹制而成，口感筋道，味道咸香微辣，富含优质蛋白质。

食材

羊筋

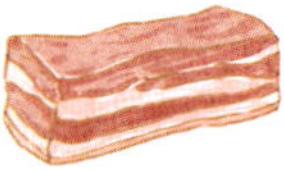
五花肉

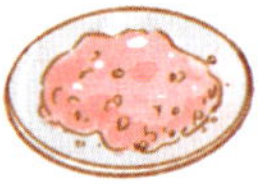
猪肉末

土豆

青红椒

蒜粒

油

生抽

料酒

白胡椒粉

味精

盐

葱花

步骤

步骤一：

提前将羊筋泡发，清洗干净，去除膻味。

步骤二：

煎锅用中火预热，放油，将猪肉末捏成丸逐个放入炸至半熟并定型，捞出备用。

步骤三：

将煮熟的五花肉切成与肉丸大小相近的块；土豆去皮切成滚刀块，然后放入油锅中炸至变色，捞出备用。

步骤四：

起锅放油，中火爆炒羊筋5分钟左右，放入猪肉丸、五花肉块、土豆块、蒜粒，再加适量的清水和1勺料酒，水开后转小火盖盖焖煮10分钟后中火收汁，接着放入青红椒块翻炒，再放适量的盐、白胡椒粉、生抽、味精调味，最后撒上葱花即可。

滋补暖身的

烩羊杂碎

宁夏

烩羊杂碎是一道著名传统小吃，在宁夏地区深受欢迎。其历史可追溯至古代丝绸之路时期，当时宁夏作为重要驿站，当地人利用羊的内脏等“杂七杂八”的部位，经过精心烹制，创造出了烩羊杂碎这道美食。它又称吴忠风味羊杂碎，被评为“全国清真名牌风味食品”。

食材

熟羊杂　香菜　辣椒面　白胡椒粉　花椒粉　葱花

油　生抽　蚝油　料酒　味精　盐　姜片　蒜片

步骤

步骤一：

熟羊杂切成小块或薄片。

步骤二：

锅中热油，放入姜片、蒜片、辣椒面爆香，下羊杂快速翻炒，然后倒入适量的开水，大火烩5分钟左右。

步骤三：

放适量的盐、白胡椒粉、花椒粉、味精、生抽、料酒、蚝油调味，翻炒均匀后撒上葱花、香菜即可。

量大味足的

大盘鸡

新疆

新疆大盘鸡，又名沙湾大盘鸡、辣子炒鸡，是新疆维吾尔自治区塔城地区沙湾市的特色美食，主要用鸡块和土豆块炒炖而成，通常搭配新疆皮带面食用。这道菜色彩鲜艳、鸡肉爽滑麻辣、土豆软糯甜润，适合多人分享。

食材

鸡肉　土豆　洋葱　青椒　姜片　葱段　蒜粒

油　生抽　老抽　料酒　香料　干辣椒　花椒　盐　冰糖

步骤

步骤一：

鸡肉切块，放葱段、姜片、料酒焯水。
土豆、青椒、洋葱切块备用。

步骤二：

起锅油热后放几颗冰糖，炒化后下焯水后的鸡肉翻炒上色，然后放姜片、蒜粒、1勺料酒、干辣椒、香料、花椒翻炒，再放2勺生抽、1勺老抽翻炒均匀后倒入没过食材的水。

步骤三：

煮开后放入土豆块，加适量盐翻炒，接着炖15分钟，汤汁浓稠后加入青椒块、洋葱块翻炒几分钟后出锅。

手抓着吃的

手抓饭

新疆

手抓饭是新疆各族人民普遍喜爱的食物，维吾尔语称其为“坡罗”，意思是“用双手抓取的食物”。做法是先用油炒洋葱、黄萝卜丝（用黄萝卜是因为它是新疆特产，其他地区可用胡萝卜代替）、羊肉块，然后放入淘净的大米，加水焖蒸而成。

食材

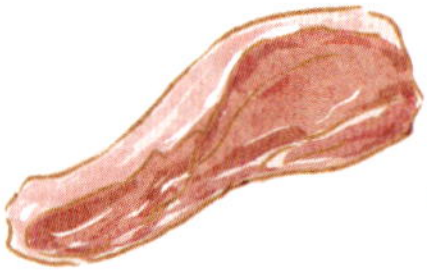

羊肉

大米

胡萝卜

洋葱

葡萄干

油

孜然粉

白糖

盐

步骤

步骤一：

羊肉切块，泡水2小时去血水；大米提前泡水30分钟；葡萄干泡水洗干净；洋葱切丝、胡萝卜切条。

步骤二：

起锅热油，下羊肉块翻炒至两面金黄，倒入洋葱、胡萝卜，炒软后放适量的盐、白糖、1勺孜然粉翻炒均匀，接着倒入没过食材的热水，炖15分钟。

步骤三：

接着转移进电饭锅，铺上大米，葡萄干、加入适量的水，煮饭模式煮熟即可。

喷香爆汁的

烤包子

新疆

新疆烤包子（维吾尔语叫“沙木萨”）是新疆地区的传统美食，外皮酥脆、馅料丰富，是新疆各民族喜爱的食品之一。烤包子通常用牛肉、羊肉制作，高蛋白、低脂肪，有益身体健康，既可作为正餐，也可作为零食。

食材

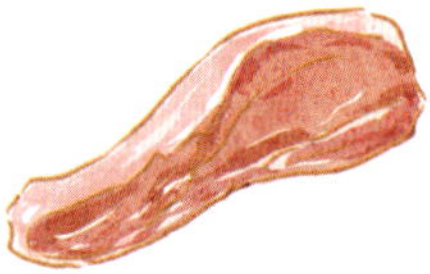
羊肉

手抓饼面皮

洋葱

鸡蛋

生抽

香油

黑芝麻

黑胡椒粉

孜然粉

盐

步骤

步骤一：

肥瘦相间的羊肉切小丁，放1勺黑胡椒粉、1勺孜然粉、1勺盐、1勺生抽、1个鸡蛋、2勺香油、洋葱丁搅拌均匀。

步骤二：

手抓饼面皮放上肉馅包成正方形，放进烤盘，表面刷一层鸡蛋液，再撒上黑芝麻。

步骤三：

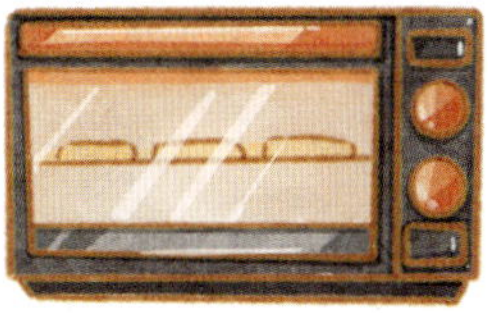

放入烤箱200度，烤20分钟。可根据自家烤箱，适当调整温度和时间。

浓郁豪放的东北地区美食

本书选取了代表性菜品中相对方便制作的，在后边内容中进行制作方法的完整呈现。

打糕
烤冷面
冻柿子
粘豆包
炒年糕
酸菜白肉
鸡架
延吉冷面
饺子
蘸酱菜
圣·索菲亚教堂

东北名菜

地三鲜

黑龙江

地三鲜是东北的传统名菜，起源于古代立夏尝三鲜的习俗，后逐渐演变为以土豆、茄子和青椒（或辣椒）为主料的美食。这道菜营养均衡，富含维生素C、维生素E及多种矿物质，有助于增强体质、促进新陈代谢。其色香味俱佳，深受食客喜爱，是东北饮食文化的重要代表。

食材

土豆　茄子　青椒　蒜末　玉米淀粉

油　生抽　老抽　蚝油　香醋　盐　白糖

步骤

步骤一：

土豆、茄子、青椒洗净切滚刀块，茄子块放1勺干玉米淀粉翻拌均匀。

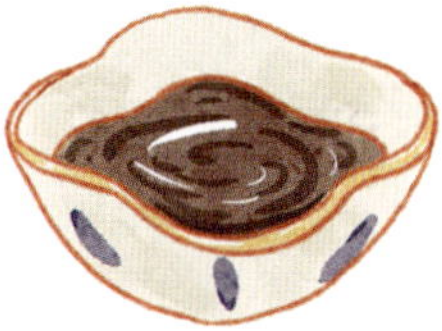

步骤二：

准备调料汁：2勺生抽、1勺老抽、1勺香醋、1勺蚝油、1勺白糖、1勺玉米淀粉、少许盐再加半碗水搅拌均匀。

步骤三：

起锅烧油，分别将土豆和茄子炸熟后捞出控油。

步骤四：

锅内留少许底油，下蒜末炒出香味，倒入青椒翻炒至断生，再倒入土豆茄子，最后倒入调料汁翻炒均匀，大火收汁即可。

东北炖菜榜首

小鸡炖蘑菇

黑龙江

小鸡炖蘑菇起源于满族狩猎文化，早期满族人在冬季常将猎得的野鸡与森林中的野生蘑菇一起炖煮，历史悠久，是东北四大炖菜之一，象征着东北人对食材的尊重和对传统的传承。其营养价值丰富，兼具美味与滋补功效，据说在东北地区，新婚女儿携丈夫回门，娘家会用这道菜招待新姑爷，以示尊重和欢迎。

食材

鸡（半只） 干香菇（也可用榛蘑） 粉条 香料 姜片 干辣椒 葱花

油 生抽 老抽 蚝油 料酒 黄豆酱 味精 白糖 盐

步骤

步骤一：

粉条提前泡软，干香菇泡好切块，鸡肉洗净切块。

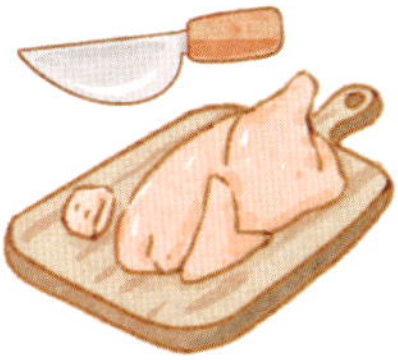

步骤二：

起锅热油下鸡肉和姜片翻炒，放1勺料酒、少许香料、干辣椒段继续翻炒出香味，接着倒入香菇翻炒。

步骤三：

放2勺生抽、1勺黄豆酱、1勺蚝油、1勺老抽、1勺白糖、少许盐调味，大火继续翻炒。

步骤四：

加没过食材的热水，转小火炖煮20分钟，放入泡好的粉条，炖10分钟，大火收汁放葱花和少许味精翻炒均匀即可。

百吃不厌的 猪肉炖粉条

黑龙江

猪肉炖粉条是一道历史悠久的东北特色菜，据说其起源与唐朝将军薛仁贵有关。他将四川的烹饪方法与东北的食材结合，创新出了这道菜。猪肉炖粉条的营养价值丰富，含有优质蛋白质、必需的脂肪酸、B族维生素和矿物质，粉条提供了足够的碳水化合物，是一道营养均衡的美食。

食材

五花肉　粉条　白菜　蒜片　姜片　葱花

油　生抽　老抽　料酒　味精　白糖　盐　干辣椒　八角

步骤

步骤一：

粉条提前泡软，五花肉切成厚片，白菜切块。

步骤二：

起锅油热后下五花肉煎至微卷，再放姜片、蒜片、干辣椒段、2颗八角、少许白糖翻炒。

步骤三：

加1勺料酒、1勺老抽、2勺生抽翻炒均匀，倒入没过食材多一点的热水，盖上盖中小火炖煮20分钟。

步骤四：

放入白菜和粉条，根据口味加适量盐和味精，继续炖10分钟左右，最后大火收汁撒上葱花即可。

酸甜香脆的

锅包肉

黑龙江

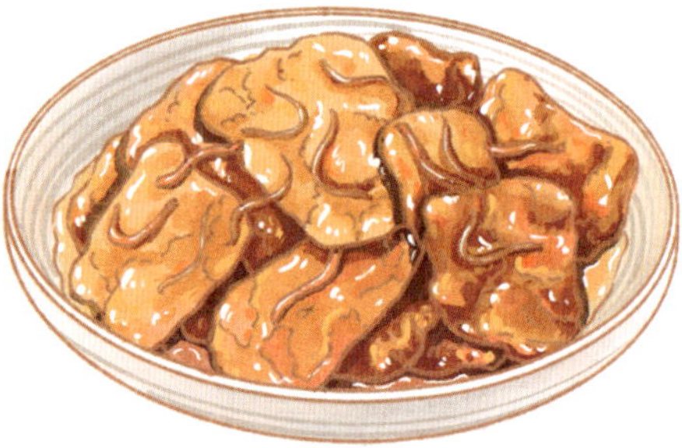

锅包肉起源于清朝光绪年间，由哈尔滨道台府厨师郑兴文所创，原本是为了适应外国宾客（尤其是俄罗斯人）的口味而将传统“焦烧肉条”改良成酸甜口味。其口感酸甜可口，外酥里嫩，具有健脾开胃、增强体力、改善贫血等功效。锅包肉原为“锅爆肉”，因俄语中“爆”与“包”音相似，逐渐演变为现在这个名字，体现了东北菜系的开放性和包容性。

食材

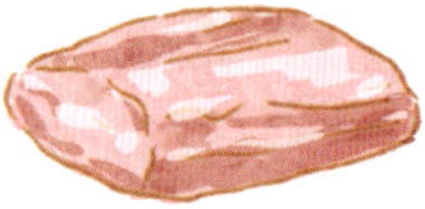

猪里脊肉300克

胡萝卜

白糖

盐

油

生抽

白醋

土豆淀粉

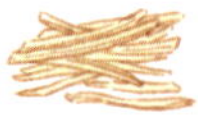

姜丝

大葱

步骤

步骤一：

猪里脊肉切成5毫米左右薄片，然后用刀背拍打肉片，让肉更松软，拍好的肉片加水泡一下，泡出血水后挤干水分，加小半勺盐腌制10分钟，然后放适量的土豆淀粉，分次少量加水抓匀后放1勺食用油拌匀，不稀不干，让每片肉都挂糊。

步骤二：

起锅热油，一片一片下肉片炸，一个定型后再放另一个，捞出放凉后再复炸1分钟，炸成金黄色捞出。

步骤三：

准备调料汁:3勺白糖、3勺白醋、少许盐、小半勺生抽拌匀。

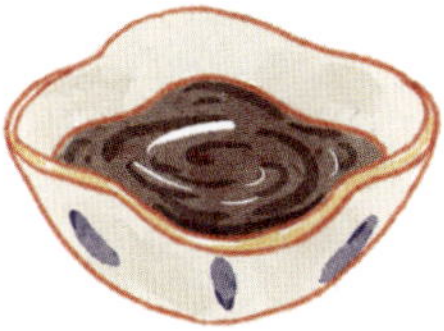

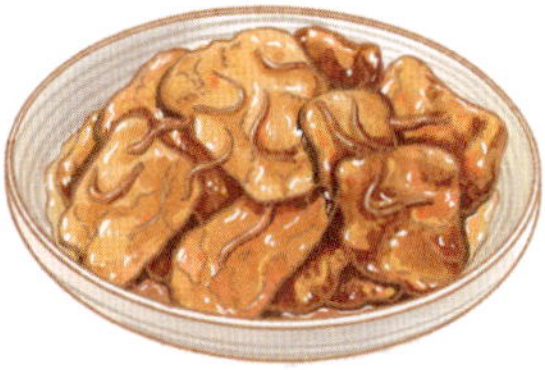

步骤四：

锅内留少许底油，小火放胡萝卜丝、葱丝、姜丝爆香，倒入调料汁冒泡后下炸好的肉片，翻炒均匀后出锅。

洋为中用的

哈尔滨红肠

黑龙江

哈尔滨红肠是东北地区传统美食，已有百年历史。它最初由俄罗斯移民引入，后经过当地改良，成为现在的独特风味。哈尔滨红肠以猪肉、牛肉为主要原料，富含优质蛋白质、维生素和矿物质，具有养胃、增强胃肠功能和抵抗力的功效。其口感鲜美、肉质紧实，既可直接食用，也可用于烤制、炒菜或煮汤，深受人们喜爱。

食材

红肠

青椒

蒜末

油

生抽

味精

白糖

步骤

步骤一：

红肠切片，青椒切块。

步骤二：

起锅油热后下蒜末炒香，接着放红肠翻炒一下，加入青椒翻炒至断生。

步骤三：

放1勺生抽、少许味精、白糖，翻炒均匀即可出锅用。

低价亲民的

烤冷面

黑龙江

烤冷面是东北地区特色小吃之一，起源于黑龙江省密山市，一所学校门口的小吃摊主发明，后经学生们推广流传开来。烤冷面起初有多种做法，包括油炸、高温铁板碾压等，后改良为铁板成块煎烤。21世纪初烤冷面已经火遍全国的大江南北，是东北地区极具特色的美食。

食材

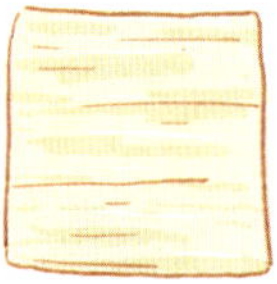
冷面

洋葱

香菜

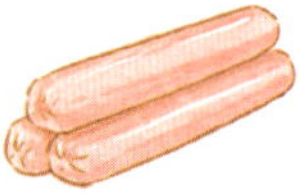
火腿肠

鸡蛋

白糖

油

蒜蓉辣酱

番茄酱

生抽

蚝油

醋

孜然粉

步骤

步骤一：

准备酱料汁：2勺蒜蓉辣酱、1勺番茄酱、1勺蚝油、1勺醋、1勺生抽、1勺白糖、少许孜然粉，搅拌均匀备用。

步骤二：

平底锅中倒油，放冷面和火腿肠稍煎。

步骤三：

打入1个鸡蛋在冷面上，用锅铲打散，鸡蛋凝固后翻面，再刷一层酱料汁。

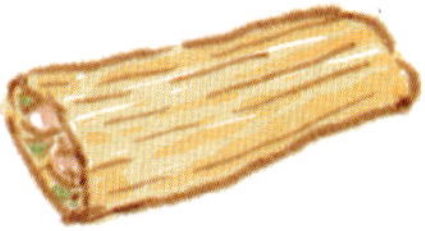

步骤四：

放上洋葱碎、香菜碎、烤好的火腿肠。然后卷起来，在上面再刷一层薄薄的酱料汁，卷起来切成段即可。

热气腾腾的

酸菜白肉

吉林

酸菜白肉是以酸菜和猪五花肉为主要食材的一道东北满族菜，清朝时期，东北冬季漫长，新鲜的蔬菜稀缺，人们发明了酸菜的制作方法。白肉具有补肾养血、滋阴润燥的功效。酸菜含有大量的乳酸菌，能促进肠道蠕动，帮助消化，还可以解白肉的油腻。

食材

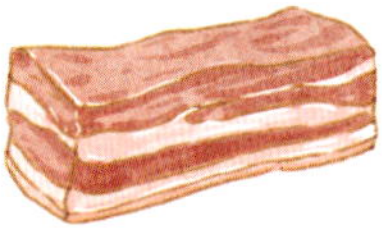
五花肉

酸菜

粉丝

姜片

花椒

油

料酒

白胡椒粉

盐

葱段

葱花

步骤

步骤一：

洗净的五花肉冷水下锅，加料酒、姜片、葱段大火烧开后捞净浮沫，转中小火煮熟后放凉切薄片，肉汤留着备用。

步骤二：

酸菜切好后用清水浸泡10分钟，然后挤干酸菜的水分。

步骤三：

起锅热油后放几粒花椒，下酸菜炒干水分，接着倒入肉汤放上猪肉片炖煮30分钟左右。

步骤四：

加泡发好的粉丝继续炖10分钟，放适量盐、白胡椒粉调味，出锅撒上葱花即可。

软糯香甜的

粘豆包

吉林

粘豆包，又称豆包，是东北地区特色食品。在东北地区，粘豆包是人们冬季餐桌不可或缺的主角。粘豆包一般是在冬季开始的时候制作，然后放入户外的缸中保存过冬。据说，由于粘豆包耐存放，曾被清太祖努尔哈赤作为军粮。俗称“别拿豆包不当干粮”也体现了粘豆包在东北饮食文化中的重要地位。

食材

大黄米粉400克

玉米粉100克

红豆沙200克

步骤

步骤一：

大黄米粉、玉米粉混匀，少量多次加入300毫升开水，边用筷子搅成絮状，然后揉成团盖上保鲜袋，放到温暖的地方自然饧发一晚。

步骤二：

红豆沙搓成团备用（30克），取适量面团搓圆压扁（40克），包入红豆沙，用虎口收紧，揉成团。按此方法多做几个。

步骤三：

冷水上锅蒸，每个粘豆包适当间隔距离，水开蒸15分钟左右即可，等到粘豆包适当冷却起锅。

自制红豆沙：

200克红豆提前用清水浸泡一晚，捞出红豆加600毫升左右的水放电饭煲中煮熟。捞出放入平底不粘锅中，加入适量白糖和红糖，中小火炒干水分，炒到粘黏状态，盛出放凉即可。

酸甜可口的
延吉冷面

吉林

延吉冷面是吉林延边地区的特色美食，已有百余年历史，起源于朝鲜族的传统食品冷面，用以解决夏季食物易腐变质问题。它是“中国十大面条”之一，强调“三分面料七分汤”，口感爽滑柔韧，深受国内外游客的喜爱。正宗的延吉冷面随着地域和个人口味的不同有很多配料的变化，比如现在年轻人喜好往冷面加雪碧的创新吃法。

食材

卤牛肉

番茄

苹果

荞麦面

黄瓜

泡菜

辣椒油

鸡蛋

白芝麻

盐

白醋

生抽

雪碧

香油

鸡精

白糖

步骤

步骤一：

卤牛肉切片，苹果切片，黄瓜切丝，番茄切片，泡菜切段，鸡蛋煮熟。

步骤二：

准备调料汁：3勺白醋、3勺白糖、2勺生抽、适量盐和鸡精、半勺香油、辣椒油、白芝麻、300毫升冰镇的雪碧、适量冰水搅拌均匀。

步骤三：

荞麦面提前泡发4小时，冷水下锅煮1分钟，多过几次凉至水清澈，再放入汤汁碗中。

步骤四：

放上卤牛肉片、黄瓜丝、苹果片、番茄片、泡菜段、熟鸡蛋即可。

东北特色

酸菜饺子

辽宁

　　据中国餐饮史记载，东北饺子最早可追溯到东汉时期。东北饺子的代表以酸菜和猪肉为主要馅料，口感酸爽、鲜美，且营养丰富。酸菜富含乳酸菌、维生素C和膳食纤维，有助于促进消化、增强免疫力；猪肉则提供优质蛋白质和矿物质，有助于补充体力。

食材

面粉500克

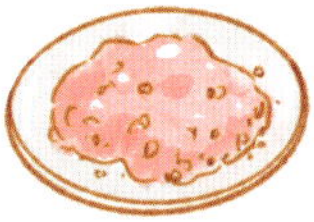
猪肉末400克

酸菜200克

鸡蛋

十三香

生抽

老抽

蚝油

鸡精

盐

花椒

姜丝

葱花

步骤

步骤一：

面粉加少许盐，再加入适量清水用筷子搅拌成絮状，然后揉成光滑的面团饧发30分钟。

步骤二：

小碗里放葱花、姜丝、几粒花椒，加入开水泡30分钟，葱姜花椒水倒入猪肉末中，再加入3勺生抽、1勺老抽、1勺蚝油、适量盐、少许十三香和鸡精、1个鸡蛋搅拌均匀。放点葱花，浇上热油。酸菜洗干净后挤干水分切碎，放到猪肉馅里拌匀。

步骤三：

将饧好的面团揉成长条，切成小剂子，擀成圆皮。包入馅料，捏成自己喜欢的形状。

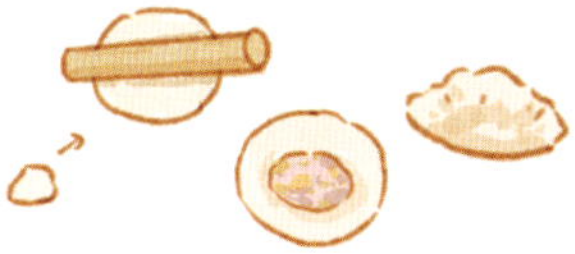

步骤四：

锅中加入适量水，烧开后加入1勺盐，放入饺子。用中火煮，水开后煮 1 分钟，再加入1碗凉水，等水再次烧开后再煮 1~2 分钟即可。

精致鲜美的华东地区美食

本书选取了代表性菜品中相对方便制作的，在后边内容中进行制作方法的完整呈现。

南昌拌粉
五四广场
鲜肉粽子
鸭血粉丝汤
排骨年糕
东方明珠
四喜丸子
三杯鸡
生煎包
臭鳜鱼
毛豆腐
淮南牛肉汤
黄山
黄山烧饼
沙茶面
姜母鸭
蚵仔煎
101大楼
卤肉饭
土楼

一口一个的

小笼包

浙江

杭州小笼包起源于北宋时期的开封灌汤包，南宋时期随宋室南渡到杭州。其制作工艺精湛，皮薄馅大，汤汁四溢，口感鲜美。作为杭州传统美食，杭州小笼包体现了江南饮食文化的细腻精致，且逐渐传播并影响了多个地方特色流派，如上海小笼包、无锡小笼包。

食材

面粉300克

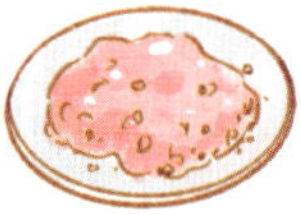
猪肉末300

酵母3克

猪油 5克

温水200毫升

生抽

老抽

蚝油

甜面酱

葱花

姜末

步骤

步骤一：

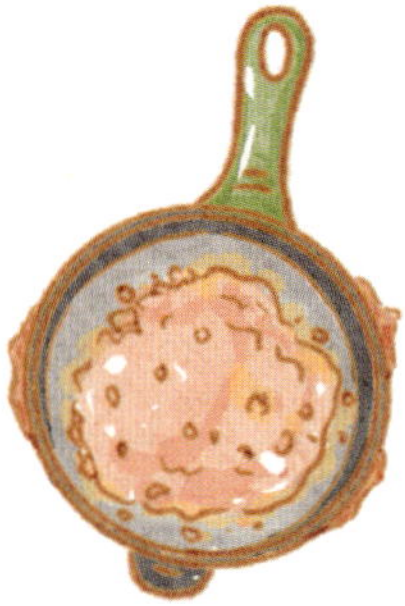

锅内热油后下一半猪肉末翻炒，水分炒干后放2勺生抽、1勺老抽、1勺甜面酱、1勺蚝油炒至上色后，盛出再加上葱花、姜末、剩余的猪肉末拌匀放凉，再放入冰箱冷藏。

步骤二：

面粉加酵母、猪油、200毫升温水用筷子搅成絮状后揉成面团，饧发至2倍大，用手扒开呈现蜂窝状。

步骤三：

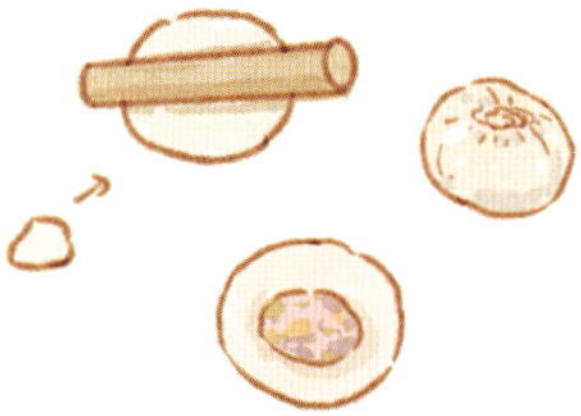

发酵好的面团切成小等份，搓成长条，揉成小面团，擀成中间厚两边薄的面皮。包上肉馅，捏紧收口，中间留洞。

步骤四：

包好的生胚放入蒸锅二次饧发15分钟，水开蒸10分钟焖3分钟出锅。

皮薄味鲜的

小馄饨

浙江

小馄饨起源于中国民间，南宋时期，杭州已有吃馄饨的习俗。馄饨象征天地混沌未分的状态，人们在冬至这一天食用馄饨，寓意打破混沌、开天辟地。小馄饨皮薄馅嫩，搭配清香可口的汤，能补充能量、促进消化，是各个年龄段人群都喜爱的一种美食。

食材

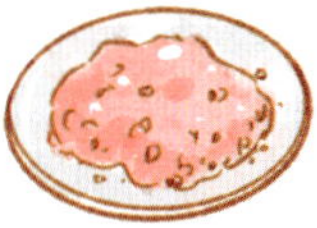
猪肉末500克

馄饨皮500克

紫菜

虾皮

葱花

生抽

蚝油

香醋

香油

白胡椒粉

猪油

盐

鸡蛋

步骤

步骤一：

猪肉末里加1个鸡蛋、适量葱花、少许盐、1勺生抽、1勺香油、少许蚝油、白胡椒粉，同一个方向使劲搅打成泥状。

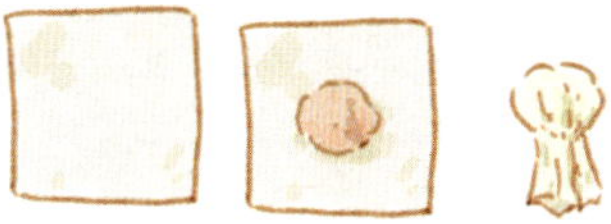

步骤二：

馄饨皮包好馄饨。

步骤三：

碗中放适量的盐、猪油、白胡椒粉、1勺生抽、半勺香油、半勺香醋、适量紫菜、虾皮、葱花备用。

步骤四：

起锅加水烧开后下包好的馄饨，煮熟后的馄饨捞到调料碗中，加入适量的馄饨汤即可。

纪念屈原的

鲜肉粽子

浙江

粽，俗称粽子，主要材料是糯米、馅料，用竹叶包裹而成，形状多样，主要有三角状、四角状等。粽子由来已久，最初是用来祭祀祖先和神灵的贡品。战国时期，爱国诗人屈原在农历五月初五投汨罗江后，粽子就成为了人们在端午节纪念屈原的传统食品。

食材

糯米1000克

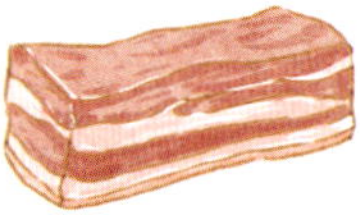
五花肉500克

粽叶

咸蛋黄12个

香油

生抽

老抽

蚝油

白酒

盐

白糖

步骤

步骤一：

五花肉洗净切块，加1大勺白酒、2勺生抽、2勺老抽、1勺白糖、1勺蚝油搅拌均匀，盖上保鲜膜放入冰箱腌制一晚；粽叶提前一晚泡在水里；糯米提前3小时泡水备用。

步骤二：

咸蛋黄加1勺白酒、1勺香油浸泡2小时；泡好的粽叶放入沸水中煮3分钟，捞出放凉，将粽叶前端硬的蒂部剪掉；泡好的糯米放1勺生抽、1勺白糖、半勺盐搅拌均匀备用。

步骤三：

两片粽叶叠一起，从中间卷起成圆锥状，放1大勺米、1块五花肉、1颗蛋黄，把上面的两片叶子拉下来包住底下的锥筒，用绳子捆紧。

步骤四：

粽子包好后放锅中，加水没过粽子，开中火煮90分钟再关火焖2小时即可。

杭州独有的

西湖醋鱼

浙江

西湖醋鱼，又称“叔嫂传珍”，是浙江杭州的传统名菜，源于南宋临安，已有800多年历史。当时，杭州西湖边有宋氏兄弟，兄长被恶霸所害，宋嫂用糖醋鱼寓意生活酸甜，后来宋弟功成名就，再次品尝到这道菜，找到宋嫂。它以鲜嫩的草鱼为主料，烹制时采用溜的方法，色泽红亮，酸甜可口，略带蟹味。草鱼含有丰富的不饱和脂肪酸和硒元素，有益心血管健康和免疫系统功能。

食材

草鱼

葱段

玉米淀粉

白胡椒粉

姜末

姜片

香醋

生抽

料酒

白糖

盐

步骤

步骤一：

鱼去内脏清洗干净，将鱼身从尾部沿着脊背片成两片，在鱼身上划几刀，方便入味。

步骤二：

起锅烧水放葱段、姜片、少许白胡椒粉、1勺料酒煮开，转小火下鱼肉煮5分钟，鱼肉煮熟后捞出沥干水分装盘。

步骤三：

玉米淀粉加水做成水淀粉备用。锅内留鱼汤1小碗左右，放少许盐、3勺白糖、3勺生抽、5勺香醋小火烧开，然后放水淀粉勾芡，最后放姜末搅拌均匀后关火。

步骤四：

将调好的料汁均匀淋在鱼肉上即可。

清香白嫩的

龙井虾仁

浙江

　　龙井虾仁是杭州的传统名菜，历史可追溯至南宋，相传乾隆皇帝下江南时，将龙井茶区的茶叶带入一个小酒馆，老板误将茶叶撒入虾仁中，一道融合了龙井茶的清香与虾仁的鲜美的菜就诞生了。其选用鲜活大河虾和西湖龙井嫩芽，富含蛋白质、茶多酚等，具有补肾壮阳、抗氧化等功效。清明时节食用最佳。

食材

虾仁

龙井茶

鸡蛋

油

料酒

玉米淀粉

盐

步骤

步骤一：

虾仁洗净，用厨房纸吸干水分，放少许盐、1勺料酒、1勺玉米淀粉、1个蛋清抓匀腌制10分钟。

步骤二：

龙井茶用热水泡2分钟，然后将茶叶和茶汤分离备用，茶汤中加1勺玉米淀粉调成芡汁备用。

步骤三：

起锅放油，6成热后加入虾仁滑炒至变色，再放茶叶一起翻炒，接着倒入调好的茶汤，再放少许的盐，翻炒收汁即可。

传承千年的

宋嫂鱼羹

浙江

宋嫂鱼羹是浙江省杭州市的一道风味传统名菜，属于浙菜系中的杭帮菜。它起源于南宋，由宋五嫂所创，当时的宋高宗品尝后大加赞赏，距今已有800多年历史。这道菜以鱼肉为主料，通常选用鳜鱼或者鲈鱼，其色泽黄亮，鲜嫩滑润，味似蟹羹，深受食客喜爱。

食材

鲈鱼　火腿　笋　香菇　鸡蛋　葱花　姜丝

油　生抽　料酒　米醋　玉米淀粉　鸡精　白胡椒粉　盐

步骤

步骤一：

鲈鱼去骨去皮，鱼肉切丝，鱼丝加1个蛋清、少许盐、白胡椒粉、1勺料酒、1勺玉米淀粉、姜丝腌制5分钟。准备火腿丝、笋丝、香菇丝备用。

步骤二：

起锅烧水，水开下鱼骨煮10分钟后捞出，留汤备用。

步骤三：

另起锅放少许油，下姜丝、火腿丝、笋丝、香菇丝小火煸炒。然后倒入鱼汤，开大火烧开后转小火。

步骤四：

放鱼丝滑开，放1勺生抽、半勺米醋、少许白胡椒粉、盐、鸡精调味，最后放水淀粉勾芡，出锅撒上葱花即可。

词人苏轼的

东坡肉

浙江

东坡肉是江南地区汉族传统名菜，属于浙菜系，据说，北宋文学家苏轼（苏东坡）在杭州任职时，将制作猪肉的独家秘法分享传播开来，人们就将这道菜命名为“东坡肉”。东坡肉的主料和造型大同小异，主料都是半肥半瘦的猪肉，成品菜都是码得整整齐齐的麻将块儿猪肉，红得透亮，色如玛瑙，入口软而不烂，肥而不腻。

食材

五花肉

香料

葱段

姜片

干辣椒

生抽

老抽

蚝油

料酒

冰糖

盐

步骤

步骤一：

五花肉洗净，切成4厘米左右的方块。

步骤二：

冷水下锅放姜片、葱段、1勺料酒焯水，煮出血沫后捞出洗净，用厨房纸吸干水分，再用棉线十字捆绑起来。

步骤三：

砂锅底铺稍多一点的葱段、姜片，五花肉皮朝下码整齐，放少许香料、干辣椒、几粒冰糖、1勺生抽、1小勺老抽、1勺蚝油、1勺料酒和没过食材的清水。

步骤四：

大火煮开后转小火焖煮90分钟，最后放少许盐调味，大火收汁即可。

补血暖胃的

鸭血粉丝汤

江苏

鸭血粉丝汤是南京的传统名吃，属于金陵菜和金陵小吃。20世纪90年代，夫子庙一带摆摊卖鸭血汤的安徽人为了提升食客的饱腹感，在鸭血汤里加入了粉丝，同时多添些油脂，把清汤改为白汤，鸭血粉丝汤正式出现。鸭血滑嫩，粉丝筋道，汤底浓郁，口感丰富。

食材

盐水鸭

鸭肠

鸭血

粉丝

豆腐泡

香菜

油

白胡椒粉

盐

白糖

葱花

步骤

步骤一：

起锅放少许油，将盐水鸭煎至两面金黄后倒入适量的开水煮5分钟。

步骤二：

分别放入鸭血块、鸭肠、豆腐泡 、泡发的粉丝煮熟。

步骤三：

放适量的盐、白胡椒粉、白糖调味搅拌均匀，起锅前撒上葱花、香菜段即可。

皮白肉嫩的

南京盐水鸭

江苏

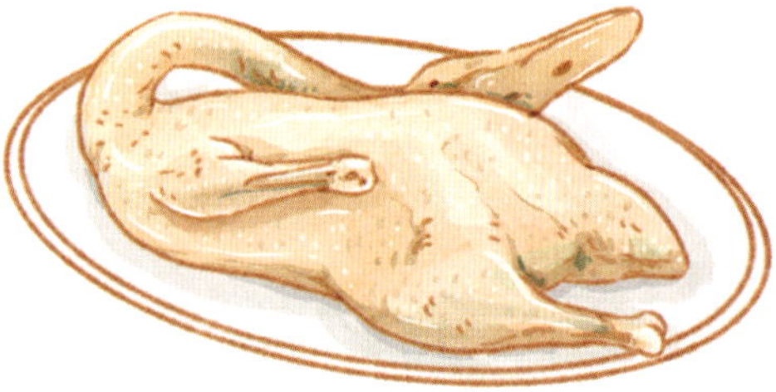

盐水鸭是南京的著名特产，属于金陵菜，已有2500多年历史，是中国地理标志产品。因南京有“金陵”别称，故也称“金陵盐水鸭”。盐水鸭以其皮白肉嫩、肥而不腻闻名，有助于清热去火、滋养五脏。民国时期，秋季桂花盛开时制作的盐水鸭最为美味，被赋予“桂花鸭”的美名。家庭简易制作也可只用鸭腿。

食材

鸭腿

花椒

八角

姜片

盐

步骤

步骤一：

2个大鸭腿清洗干净后用厨房纸巾擦干，起锅无水无油放40克盐小火炒热后放入3克花椒和4个八角继续翻炒，炒至盐变成浅黄色关火放凉备用。

步骤二：

鸭腿抹上腌料，均匀地揉搓，充分腌制入味。然后将鸭腿和腌料一起放保鲜袋里，放冰箱冷藏24小时后取出，用清水冲洗掉腌料。

步骤三：

起锅冷水放鸭腿，加姜片、八角大火煮开5分钟后关火焖20分钟捞出。然后把原汤再次煮开，放入鸭腿，转小火盖盖煮30分钟关火焖1小时。

步骤四：

鸭腿捞出沥干，用保鲜袋包起来放冰箱冷藏4小时，吃的时候切块即可。

食材丰富的

扬州炒饭

江苏

扬州炒饭可追溯到春秋时期，经隋炀帝、明清厨师及清代扬州太守伊秉绶的改良而流传至今。扬州炒饭注重配色，炒制完成后，颗粒分明、粒粒松散、软硬有度、色彩调和、光泽饱满、配料多样、鲜嫩滑爽、香糯可口。谢讽《食经》称其为“碎金饭”。

食材

米饭

胡萝卜

洋葱

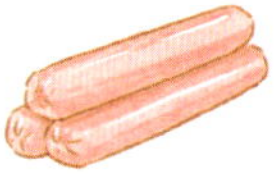

火腿肠

鸡蛋

葱花

油

生抽

蚝油

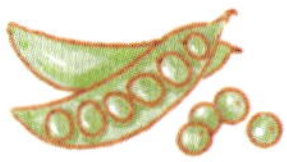

青豌豆

玉米粒

盐

步骤

步骤一：

准备1大碗冷米饭和鸡蛋、玉米粒、青豌豆；胡萝卜、洋葱、火腿肠切丁。

步骤二：

1个鸡蛋打散到米饭里搅拌均匀。

步骤三：

锅中热油后放1个鸡蛋炒散，倒入所有配菜翻炒断生，再倒米饭翻炒均匀，放适量的盐、半勺蚝油、1勺生抽，中火翻炒均匀，最后撒上葱花即可。

造型别致的

松鼠鳜鱼

江苏

松鼠鳜鱼又名松鼠桂鱼，源于清代江苏苏州，以其松鼠造型和酸甜口感著称。据传，乾隆皇帝南巡至苏州松鹤楼，品尝了这道菜后龙颜大悦。鱼肉鲜嫩多汁，外皮酥脆爽口。松鼠鳜鱼独特的造型寓意着红红火火、生机勃勃、吉祥如意、科举高中的美好愿望。

食材

鳜鱼

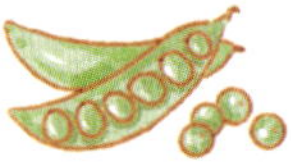
青豌豆

玉米粒

鸡蛋

玉米淀粉

油

白醋

番茄酱

白胡椒粉

盐

白糖

步骤

步骤一：

鳜鱼去内脏清洗干净，头切下来，沿着鱼骨将鱼肉片下来，连着尾巴的地方不要切断，鱼骨切下来不要，将鱼肚上的大刺片下来不要。

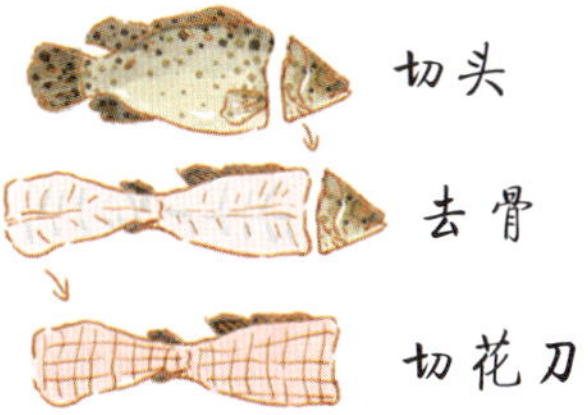

步骤二：

鱼肉花刀切好，鱼肉鱼头放适量的盐、白胡椒粉和1个蛋黄腌制10分钟，鱼肉鱼头均匀裹上玉米淀粉。

步骤三：

起锅多放油，中火分别将鱼头鱼肉炸至金黄捞出，再大火高温复炸1分钟后捞出摆盘备用。

步骤四：

锅里留少许底油，放4勺番茄酱，加1小碗清水，放入提前煮好的青碗豆和玉米粒翻炒，再放2勺白糖、2勺白醋和适量的盐煮几分钟，再放入水淀粉勾芡，最后均匀淋在鱼肉上即可。

鲜香爆汁的

生煎包

上海

上海生煎包源于北宋，最初作为茶点与茶水一同售卖，20世纪初在上海扎根，上海作为当时的大码头，人口密集，生煎包很快成为上海的代表性小吃。其皮薄馅嫩，底部酥脆，搭配清淡饮品食用更佳。生煎包承载着上海人的精细生活和饮食文化。

食材

面粉

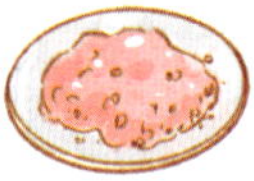
猪肉末

酵母

葱姜水

盐

葱花

生抽

老抽

蚝油

香油

玉米淀粉

黑芝麻

花椒粉

步骤

步骤一：

250克面粉、125毫升水、2克酵母、1克盐搅拌成絮状，揉成光滑的面团饧发40分钟。

步骤二：

250克猪肉末加适量的葱姜水拌匀混合，再加1勺生抽、半勺老抽、1勺香油、1勺蚝油、少许花椒粉、盐和葱花调味拌匀。

步骤三：

面团分成大小差不多的小剂子，搓成圆球，然后擀成薄皮，包入馅料。

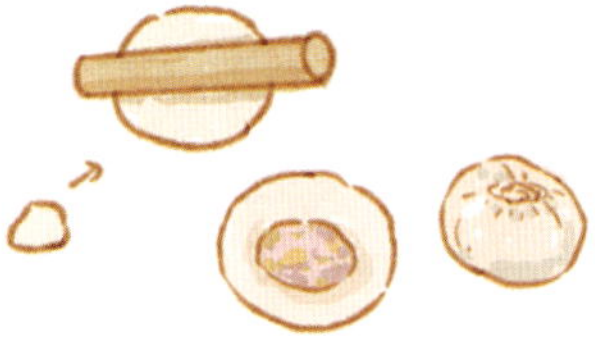

步骤四：

平底锅放油，放入生坯，盖上盖饧发20分钟后开火煎至底部金黄，倒入生煎包三分之一高处的水淀粉，中火煎8分钟，最后撒上黑芝麻和葱花，水收干即可。

香脆软糯的

毛豆腐

安徽

安徽毛豆腐相传与朱元璋有关，朱元璋无意中将长了白毛的豆腐煎了吃，味道竟十分鲜美。毛豆腐是徽州地区的传统名菜，经过发酵的豆腐营养价值丰富，有助于增强免疫力、防治骨质疏松，还能促进人体消化，是一道兼具美味与健康的特色美食。

食材

毛豆腐

姜蒜末

葱花

白糖

油

生抽

老抽

豆瓣酱

步骤

步骤一：

起锅热油，毛豆腐中小火煎至两面金黄、表皮酥脆，盛出备用。

步骤二：

锅中留底油，放入姜蒜末爆香，加入1勺豆瓣酱、1勺生抽、1勺老抽和少许白糖调味，翻炒均匀后倒入少量清水煮开。

步骤三：

煎好的毛豆腐重新放入锅中，让豆腐跟汤汁融合在一起，小火煨煮2分钟，最后撒上葱花即可。

汤浓味醇的

淮南牛肉汤

安徽

淮南牛肉汤是安徽淮南市的传统名小吃，起源于汉代，距今有2000多年的历史。传说由淮南王刘安府中的御厨所创，后流传至民间。其以鲜牛肉和牛骨熬制，配以多种药材，有补气养血、健脾开胃之效。

食材

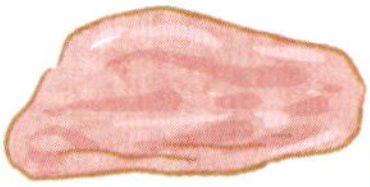

牛肉

粉条

千张丝

香菜

葱段

葱花

鸡精

辣椒油

白胡椒粉

盐

姜片

八角

步骤

步骤一：

牛肉洗净后与葱段、姜片、八角一起放入锅中，加水煮40分钟左右。

步骤二：

牛肉煮好后捞出放凉切片，另拿一个小汤锅，盛出部分原汤，中火煮开后放入提前泡发好的粉条、千张丝。

步骤三：

粉条煮熟后，放牛肉片，根据喜好加入盐、鸡精、辣椒油调味，最后放适量的白胡椒粉，撒上葱花、香菜段即可。

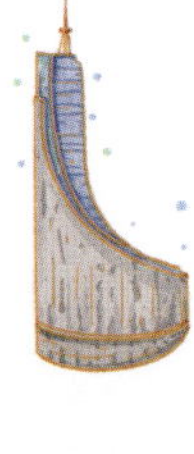

特制酱料的

沙茶面

福建

沙茶面是福建闽南地区的一道特色美食，源自印尼，由华侨带入厦门并创新而成，已有300多年历史，是厦门独有的美食佳肴。其独特的沙茶酱由虾干、鱼干、葱头、蒜头、老姜等十几种食材构成，经油炸香酥后研磨而成，是调味佐食佳品。

食材

面条

虾

鱿鱼

花甲

鱼丸

豆腐泡

瘦肉

蒜酥

辣椒油

白糖

盐

姜蒜末

油

芝麻酱

花生酱

沙茶酱

牛奶

鸡精

步骤

步骤一：

锅中热油，放虾头炒出虾油，加姜蒜末炒香，再倒适量的水煮开，3分钟后捞出虾头。

步骤二：

汤中加适量的沙茶酱、芝麻酱、花生酱、牛奶、盐、白糖、鸡精、辣椒油。

步骤三：

将面条、鱼丸、豆腐泡、瘦肉、花甲、鱿鱼、虾分别煮熟后捞到碗中。

步骤四：

碗里加沙茶汤底，最后再放上蒜酥即可。

补锌王者的

蚵仔煎

福建

蚵仔煎(又称蚝仔煎、海蛎煎)流行于闽南、台湾、潮汕等地区。蚵仔煎据传是先民在无法饱食情况下所发明的替代粮食，其制作方法可较好地掩盖海鲜的腥味。蚵仔煎有益智补肾之效，孩子和男人可适量多食用。

食材

海蛎

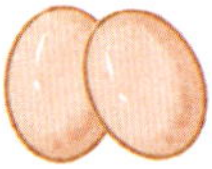

鸡蛋

蒜苗

红薯淀粉

油

蚝油

甜辣酱

白胡椒粉

盐

步骤

步骤一：

海蛎洗净后加蒜苗段、1大勺红薯淀粉、2个鸡蛋、少许白胡椒粉、盐、1勺蚝油提味，少量多次加水搅拌成均匀的蛎子糊。

步骤二：

平底锅里放油，加热后倒入蛎子糊，然后把面糊平铺。中火煎至一面定型后翻面，煎至上下两面酥脆，并呈金黄色即可。

步骤三：

搭配番茄酱或甜辣酱食用即可。

气血双补的

姜母鸭

福建

姜母鸭起源于中国福建泉州，融合了药膳理念，是闽南人民智慧的结晶。其具有滋阴补血、益气利水、温中止呕等功效。在闽南地区，姜母鸭不仅是冬日进补佳肴，还常用于产妇和老年人补益身体。泉州作为古代海上丝绸之路的重要港口，姜母鸭也传播到台湾、潮汕等地。

食材

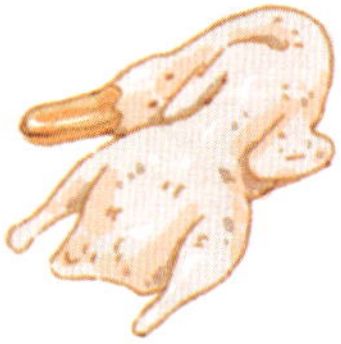

番鸭（半只）

老姜

蜂蜜

香油

米酒

生抽

蚝油

老抽

盐

步骤

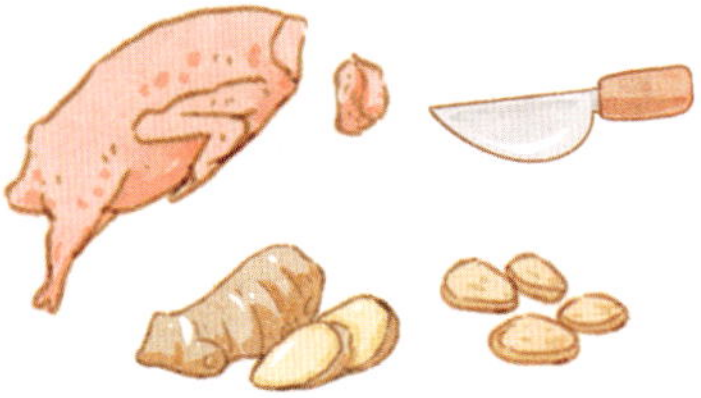

步骤一：

番鸭切块，老姜切成厚片备用。

步骤二：

热锅倒入香油，放姜片煸炒至微焦。

步骤三：

倒入鸭肉大火炒至金黄，放1勺生抽、1勺蜂蜜、1勺蚝油、半勺老抽、少许盐，大火翻炒均匀 。

步骤四：

倒入2小碗米酒，加水没过食材，大火煮开后转小火煮40分钟，大火收汁。

好吃到哭的

南昌拌粉

江西

南昌拌粉起源于南昌老街小摊，历史可追溯至唐朝，承载着千年的味觉记忆。其精选米粉经过多道工序制成，韧性高、透明度高，口感韧而不硬。南昌拌粉易于消化吸收，满满一大碗也不用怕。在南昌的街头巷尾随处可见，是备受推崇的地方名小吃。

食材

江西米粉　油酥花生　萝卜丁　青红辣椒　雪菜　蒜末　葱花

油　生抽　老抽　蚝油　鸡精　盐

步骤

步骤一：

米粉泡发后冷水下锅，煮熟后捞出过凉水。

步骤二：

起锅水开下米粉，烫20秒捞出沥干水分装碗。

步骤三：

准备调料汁：青红辣椒末、蒜末淋上热油，然后放适量的盐、鸡精、1勺生抽、1勺老抽、1勺蚝油拌匀。

步骤四：

碗中放米粉，倒入调好的调料汁，再根据个人喜好放萝卜丁、雪菜、油酥花生、葱花搅拌均匀即可。

风靡台湾的

三杯鸡

江西

三杯鸡起源于江西宁都，后传入台湾并广泛流传。其以鸡肉为主料，制作的关键在于三杯调料汁(一杯油、一杯米酒、一杯酱油），香气浓郁，口感鲜美，对增强体质、促进免疫功能和骨骼发育有重要作用。

食材

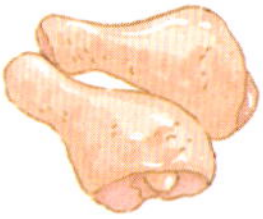

鸡腿

罗勒叶

小米辣

姜片

蒜粒

黑芝麻油

生抽

老抽

米酒

玉米淀粉

冰糖

步骤

步骤一：

鸡腿切块后泡出血水，捞出控干表面水分。鸡腿肉放姜片、1勺生抽、1勺米酒、1勺玉米淀粉腌制10分钟。

步骤二：

准备调料汁：1小碗米酒、2勺生抽、1勺老抽、几颗冰糖。

步骤三：

起锅倒黑芝麻油，放姜片、蒜粒炒出香味，再放入鸡块煎至金黄，然后倒入调料汁，翻炒均匀后盖上盖中小火焖煮10分钟左右，随后开盖收汁。

步骤四：

收汁到差不多之后放小米辣段、罗勒叶翻炒一下后起锅。

汤汁鲜美的

黄焖鸡

山东

黄焖鸡起源于山东济南，是一道备受欢迎的传统鲁菜。其以鸡肉、香菇等为主要食材，通常选用三黄鸡（毛黄、嘴黄、脚黄），具有补中益气、增强免疫力的功效。黄焖鸡口感鲜美，肉质滑嫩，汤汁浓郁，老少皆宜，是家庭聚餐和朋友聚会的佳肴。

食材

鸡腿 土豆 青椒 香菇 蒜粒 姜片 葱段

干辣椒 八角 冰糖 盐 豆瓣酱 鸡精

油 生抽 老抽 蚝油 料酒 黄豆酱

步骤

步骤一：

鸡腿洗净切块，冷水下锅放葱段、姜片、1勺料酒焯水，然后捞出控干水分。

步骤二：

准备调料汁：2勺生抽、1勺老抽、1勺料酒、1勺蚝油、1勺黄豆酱搅拌均匀。

步骤三：

起锅放油，放几颗冰糖炒糖色（小火），下鸡肉翻炒，然后放八角、姜片、蒜粒、干辣椒段继续翻炒。

步骤四：

倒入调料汁，下土豆块、香菇翻炒，再倒入没过食材的水焖煮20分钟，最后加入青椒块，放少许鸡精、盐调味，再焖5分钟，最后大火收汁即可。

外焦里嫩的

四喜丸子

山东

四喜丸子源自唐朝，是一道经典的传统名菜，常用于喜庆场合。它由四个大小相等的肉丸组成，寓意“福、禄、寿、喜”。据传，张九龄成为唐朝名相前，接连遇上中得头榜、被招为驸马、得知父母下落的人生喜事，厨师遂做“四喜”丸子庆贺。四喜丸子补气养血、滋阴润燥，口感鲜嫩多汁，外酥里嫩，是中华美食当家菜。

食材

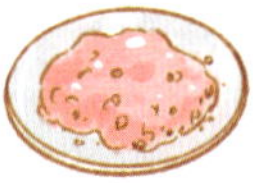
猪肉末

莲藕

鸡蛋

十三香

姜末

干辣椒

香料

白糖

油

生抽

老抽

蚝油

料酒

玉米淀粉

鸡精

白胡椒粉

盐

步骤

步骤一：

猪肉末里放姜末、1勺料酒、2勺生抽、1勺蚝油、适量的盐、鸡精、白胡椒粉、十三香搅拌均匀，加入少许清水、1个鸡蛋顺时针搅打上劲备用 。

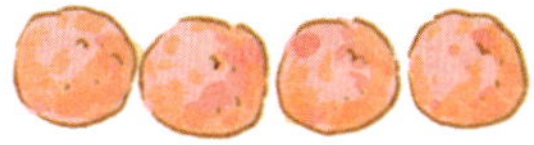

步骤二：

肉馅接着加入切好的莲藕碎拌匀，再加适量的淀粉，抓匀摔打团球备用。

步骤三：

起锅热油至油温6成热，下肉丸，微微定型后再翻面。炸到表面金黄熟透捞出。

步骤四：

锅中留底油，中小火放香料、干辣椒段、姜末爆香，然后倒入适量的热水，放1勺生抽、1勺老抽、少许白糖调味。然后下丸子，小火焖烧30分钟即可。

营养均衡的

卤肉饭

台湾

卤肉饭起源于台湾，主要原料包括五花肉、米饭，口感肥而不腻、甜咸适口，米饭吸收了卤肉的精华，每一粒都充满浓郁香气，令人回味无穷。不同地区的卤肉饭在制作方法和特点上有所差异。

食材

五花肉

鸡蛋

洋葱

干香菇

姜蒜末

油

生抽

老抽

料酒

香料

冰糖

步骤

步骤一：

五花肉切丁，洋葱切丁，泡发的香菇切丁。

步骤二：

起锅放油下洋葱丁小火慢炸，炸至金黄捞出备用，然后下五花肉丁煸炒出油脂。

步骤三：

接着放香菇丁和炸过的洋葱丁，翻炒均匀后放姜蒜末、1勺料酒、2勺生抽、1勺老抽、少许香料和几颗冰糖翻炒，最后加水没过食材。

步骤四：

再放几个煮熟剥皮后的鸡蛋同卤，小火炖煮1小时，最后捞出香料，大火收汁。搭配上煮好的米饭即可。

交汇融通的
华南地区美食

本书选取了代表性菜品中相对方便制作的，
在后边内容中进行制作方法的完整呈现。

车仔面
糖水
象鼻山
金紫荆广场
螺蛳粉
老友粉
桂林米粉
柠檬茶
阳朔啤酒鱼
避风塘炒蟹
椰子糕
椰汁
海南鸡饭
水蟹粥
新葡京
金莲花广场

香气四溢的

煲仔饭

广东

煲仔饭也称瓦煲饭，是广东省广州市的一道特色名菜，属于粤菜系广府菜。该菜品的种类主要有腊味煲仔饭、香菇滑鸡煲仔饭、豆豉排骨煲仔饭、猪肝煲仔饭、烧鸭煲仔饭、白切鸡煲仔饭等。制作煲仔饭的瓦煲又叫砂锅，能保持饭香并使火候分布均匀，瓦煲底部会形成一层香脆的锅巴。

食材

腊肠

土豆

胡萝卜

玉米粒

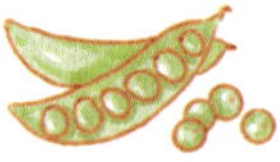

青豌豆

生抽

老抽

蚝油

香油

盐

白糖

步骤

步骤一：

腊肠切片，土豆、胡萝卜切块。

步骤二：

大米淘洗后加入适量清水，水位刚好没过米面一些。

步骤三：

准备调料汁：2勺生抽、1勺老抽、1勺蚝油、1勺香油、少许盐和白糖拌匀。

步骤四：

把配菜全部放进电饭煲，淋上调料汁，煮饭模式煮熟即可。

等等再吃的

姜撞奶

广东

姜撞奶源自广东珠江三角洲，已有数百年历史。其制作工艺蕴含岭南人民的烹饪智慧，据说是当地人偶然将牛奶倒入盛姜汁的碗中，产生此甜品，精髓在于一个“撞”字，要快速将热牛奶倒入盛有新鲜姜汁的碗中。生姜蛋白酶使牛奶蛋白质变性，令牛奶凝固成块。其具有增强免疫力、提高睡眠质量、发表散寒等功效，是一道美味且养生的传统甜品。

食材

小黄姜

鲜牛奶

白糖

步骤

步骤一：

小黄姜去皮切块，放榨汁机榨出姜汁，盛1勺到碗里。

步骤二：

取180毫升蛋白质含量高一点的鲜牛奶，放微波炉里高火加热1分钟后取出，加适量白糖搅拌均匀。

步骤三：

将热牛奶迅速倒入盛有姜汁的碗中，倒完后不要搅动或摇晃，静置几分钟即可。

滋阴养颜的

花胶鸡

广东

花胶鸡的前身是流行于广东地区的一道汤菜——花胶炖鸡汤。花胶在古代被视为高级食材，与燕窝齐名，是“八珍”之一。随着时间的推移，这种美味逐渐为人们所熟知并喜爱。花胶能补肾益精，滋阴养颜，女人、身体虚弱者适宜经常食用。

食材

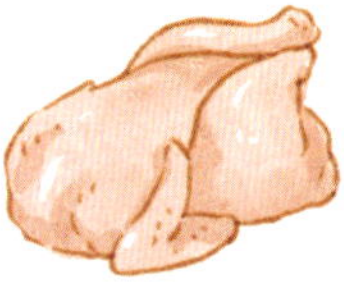
老母鸡(半只)

花胶

南瓜

虫草花

枸杞

料酒

葱段

白胡椒粉

姜片

盐

步骤

步骤一：

花胶前一晚泡水，泡发好的花胶剪成小段。

步骤二：

南瓜洗净去皮切片，上蒸锅蒸熟，放料理机里加一点饮用水打成糊状备用。

步骤三：

鸡肉洗净切块，用姜片、葱段、料酒焯水后捞出备用。砂锅中放入焯过水的鸡块，再加适量的清水、姜片，大火烧开转小火慢炖。

步骤四：

炖1.5小时后加入南瓜泥、花胶、虫草花继续炖30分钟，起锅前放入枸杞，再放适量的盐、白胡椒粉调味。

粤厨看家的

干炒牛河

广东

干炒牛河是广东省广州市的一道特色小吃，属于粤菜系。河粉又称沙河粉，源自广州沙河镇。清朝末年，广州作为重要的商贸港口，汇聚了各地的商人和劳工，他们急需一种快速又实惠的美食，干炒牛河应运而生。

食材

鲜河粉　牛肉　豆芽　鸡蛋　胡萝卜　韭菜　葱花

油　生抽　老抽　蚝油　香油　料酒　白胡椒粉　盐　玉米淀粉

步骤

步骤一：

牛肉洗净切薄片，加1勺生抽、1勺料酒、1勺玉米淀粉、1勺香油、少许白胡椒粉抓匀腌制15分钟。

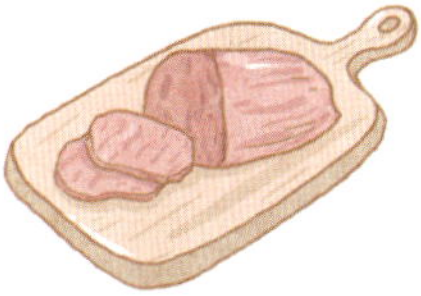

步骤二：

胡萝卜切丝，韭菜切段。

步骤三：

牛肉、鸡蛋分别炒熟备用。

步骤四：

起锅油热后放豆芽和胡萝卜丝炒软，加河粉、牛肉、鸡蛋、韭菜一起翻炒，放2勺生抽、1勺老抽、1勺蚝油、适量的盐和白胡椒粉，出锅前撒上葱花。

皱皱巴巴的

肠粉

📍 广东

肠粉起源于唐代广东罗定市，后于清代在广州等地盛行，是岭南特色小吃。其以米浆制成薄皮，包裹多样馅料，在广东各地有不同的特色和流派。

食材

肠粉专用粉

虾仁

青菜

鸡蛋

生抽

蚝油

香油

玉米淀粉

蒜末

葱花

步骤

步骤一：

肠粉专用粉和水1：1.3的比例搅拌均匀备用。

步骤二：

准备酱汁：锅中加入适量的水，烧开后加入蒜末、2勺生抽、1勺蚝油、少许玉米淀粉搅拌均匀，煮至酱汁浓稠盛出备用。

步骤三：

蒸盘刷一层香油，倒入肠粉浆轻轻摇晃，使肠粉浆均匀地铺在蒸盘上，然后放上鸡蛋液、虾仁、青菜。

步骤四：

水开上锅蒸2~3分钟，直到食材熟透，然后用刮板卷起肠粉，撒上葱花、淋上酱汁即可。

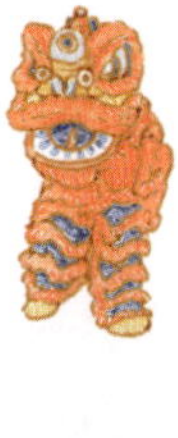

两种主食的

云吞面

广东

云吞面又称馄饨面、细蓉、大蓉，是广东的汉族特色小吃，属于粤菜系广府菜。清末民初，云吞面在广州开始盛行，一般以云吞拌面，分为汤面与捞面。广州的厨师还发明了竹升面，这种面条用竹竿压制而成，有独特的韧性和筋道，与云吞、汤底相得益彰。

食材

云吞

竹升面

虾皮

青菜

生抽

香油

白胡椒粉

盐

葱花

步骤

步骤一：

碗里放少许葱花、1勺香油、2勺生抽、少许白胡椒粉、虾皮、适量的盐。

步骤二：

起锅烧水，分别将云吞、竹升面、青菜煮熟。

步骤三：

盛适量的面汤在调料碗里，再将云吞、竹升面、青菜捞到碗中即可。

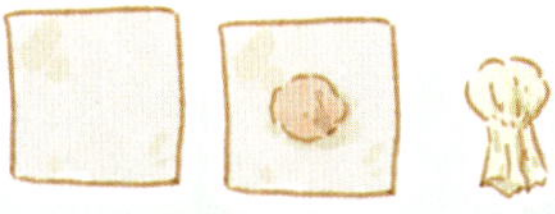

云吞的做法：

将猪肉末、虾仁和马蹄碎一起放入容器中，打入1个鸡蛋，放入适量生抽、白糖、鸡精、料酒、淀粉和香油，用筷子顺着同一个方向搅拌均匀，制成馅料。取云吞皮，放入适量馅料于中央，沿馅料周围涂点水，用手黏合云吞皮，再用虎口挤压面皮制成云吞。

回味无穷的

螺蛳粉

广西

螺蛳粉是广西柳州市的特色小吃，具有辣、爽、鲜、酸、烫的独特风味。螺蛳粉的味美还因为它有着独特的汤料。汤料由螺蛳、山奈、八角、肉桂、丁香、多种辣椒等天然食材香料配制而成。随着工业化的发展，预包装螺蛳粉应运而生，让更多的人能品尝到这道美味小吃。

食材

螺蛳粉

青菜

步骤

步骤一：

冷水下粉煮10~12分钟，捞出粉过凉水。

步骤二：

重新取适量的清水煮沸后下青菜，再倒入米粉及汤料包煮制2分钟。

步骤三：

根据个人喜好加入各种料包，关火出锅撒腐竹。

螺蛳粉搭档炸蛋的做法：

1.碗中打入两三个鸡蛋，用筷子打散打匀。

2.锅中倒油，油热后，蛋液一圈圈倒入，一面炸至金黄后翻面，两面金黄后捞出即可。

重在卤水的

桂林米粉

广西

桂林米粉源于秦朝，据说秦始皇为统一六国而南征，将士吃不惯大米白饭，伙夫仿照北方面食做法，用石磨将大米磨成浆，再制成米粉供食用。桂林米粉的卤水是其灵魂所在，通常用猪骨、牛骨加入多种香料长时间熬制而成。

食材

米粉

卤牛肉

卤水

酸笋

酸萝卜

酸豆角

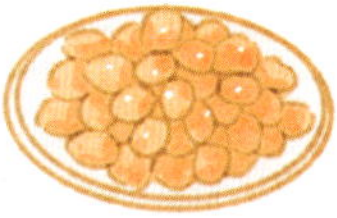

油酥花生

辣椒油

葱花

步骤

步骤一：

卤牛肉切片。

步骤二：

将米粉煮熟捞出过凉水。

步骤三：

冲凉好的米粉再倒锅里过一下开水，捞出到碗里，最后放上牛肉片、酸笋、卤水、酸萝卜、酸豆角、油酥花生、辣椒油、葱花拌匀即可。

老友常来的

老友粉

广西

老友粉是广西南宁市及周边地区的地方风味小吃，是南宁传统小吃的金字招牌，其口味鲜辣、汤料香浓，具有开胃解腻、驱风散寒、通窍醒脑的独特功效，属于桂菜。老友粉其名来自一段两位老友间的故事。

食材

河粉

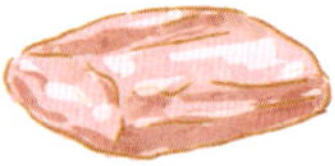

猪里脊肉

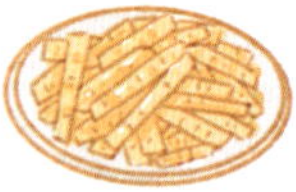

酸笋

辣椒酱

豆豉

油

生抽

蚝油

料酒

蒜末

葱花

盐

步骤

步骤一：

猪里脊肉切片，放少许料酒、生抽、蚝油腌制10分钟。

步骤二：

起锅热油，下豆豉、蒜末、酸笋、辣椒酱爆香，接着下猪里脊肉炒至半熟。

步骤三：

往锅里加入热水，放适量盐、生抽、蚝油调味，沸腾后下河粉煮半分钟，最后撒上葱花即可。

一吃难忘的

阳朔啤酒鱼

广西

阳朔啤酒鱼起源于20世纪80年代的阳朔，是无意中的创新，据说是当地人在做黄焖漓江鱼时烧干了汤汁，加水会冲淡味道，遂将手边的啤酒倒入。它将啤酒这一西方传统饮料与中国传统烹饪技艺相结合，成为地方名菜。这道菜以漓江鱼为主料，对心血管、大脑、视力、骨骼等有诸多益处。

食材

鲤鱼

番茄

青红椒

白胡椒粉

鸡精

葱花

干辣椒

姜蒜末

姜丝

白糖

盐

油

生抽

蚝油

料酒

啤酒

豆瓣酱

步骤

步骤一：

鱼清洗干净，切块，撒少许盐、料酒和姜丝，腌制15分钟。青红椒洗净切块，番茄洗净切块。

步骤二：

热锅倒油，锅里撒少许盐，放鱼块煎至两面微焦，捞出备用。

步骤三：

锅中留底油，小火放姜蒜末、干辣椒段、1勺豆瓣酱炒出红油后放一半的番茄，再放适量的盐、生抽、蚝油、白胡椒粉、鸡精、白糖调味，翻炒均匀。

步骤四：

接着放入鱼块和剩下的番茄块、青红椒翻炒一下。倒入1罐啤酒，盖盖焖煮15分钟，最后撒上葱花。

心心念念的

海南鸡饭

海南

海南鸡饭起源于中国海南岛的文昌市，地道的海南鸡饭选用文昌鸡作为主料。19世纪末20世纪初，海南人“下南洋”的浪潮把海南鸡饭带到南洋。如今，海南鸡饭早已成为新加坡、泰国、马来西亚等东南亚国家的一道大众美食。家庭简易版做法可用鸡腿代替整鸡。

食材

鸡腿　米　黄瓜　洋葱　姜蒜末　姜片

油　生抽　香油　料酒　白糖　盐　葱段　葱花

步骤

步骤一：

鸡腿洗净去骨后加葱段、姜片、1勺生抽、1勺料酒凉水下锅，大火煮沸后撇去浮沫，转小火煮15分钟，鸡腿肉夹出来，鸡汤留着煮米饭。

步骤二：

洋葱切小丁，起锅倒油下洋葱丁、姜蒜末炒香，下淘洗干净的大米翻炒，炒过的米倒入电饭煲，加煮鸡肉的汤汁，煮饭模式煮熟。

步骤三：

准备调料汁：碗里放姜蒜末、葱花、少许白糖、盐、1勺香油，然后淋上热油拌匀。

步骤四：

黄瓜切丝后垫在盘底，米饭和切好的鸡腿肉摆盘，再淋上调料汁即可。

椰香浓郁的

椰子糕

海南

椰子糕是海南的传统特色糕点，是椰子精华的浓缩。椰子糕具有年糕的绵软，甜而不腻，带着一丝丝韧劲。外观上椰子糕色泽明亮，赏心悦目，诱人食欲。在海南，椰子被视为吉祥的象征，每当重要节日，人们都会做椰子糕来祈求好运。

食材

椰浆300毫升

纯牛奶250毫升

吉利丁片20克

椰蓉

白糖50克

步骤

步骤一：

椰浆、牛奶、白糖倒入容器中，搅拌均匀。

步骤二：

吉利丁片用冷水浸泡软化。

步骤三：

搅拌好的液体倒入小锅中，开小火搅拌至糖融化，温度控制在60度内关火，放入吉利丁片，搅拌至融化，倒入模具里冷藏5小时。

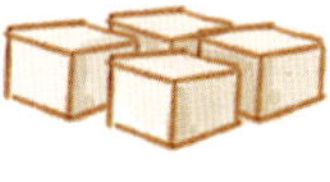

步骤四：

凝固的椰子冻取出脱膜切块，裹上椰蓉即可。

自助选材的

车仔面

香港

车仔面是香港地区的一种低价特色面食，属粤菜。在香港的街头巷尾，贩卖车仔面的木头车中放置金属造的“煮食格”，分别装有汤汁、面条和配料，可自由选择面条、配料和汤汁。在快节奏的生活中，一碗热腾腾的车仔面成了许多人的快餐选择。

食材

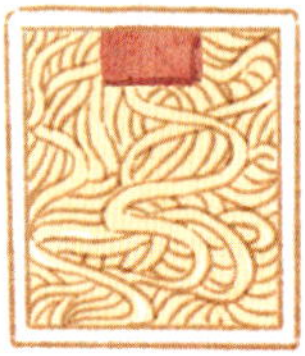

车仔面

XO滋味酱

鱼丸

步骤

步骤一：

起锅水开后下鱼丸煮熟捞出。

步骤二：

放车仔面煮3分钟捞出。

步骤三：

鱼丸、车仔面放入碗中，放1包XO滋味酱拌匀即可。

明星都爱的

避风塘炒蟹

香港

避风塘炒蟹起源于20世纪香港避风塘地区，渔民为了处理船上卖不完的海鲜，在船上所创。船上食材多为海鲜和容易储存的葱、姜、蒜，避风塘炒蟹成为了独特的避风塘系列美食，也成为中国香港的代表菜品之一。

食材

蟹　洋葱　面包糠　蒜末　葱花　干辣椒

油　料酒　玉米淀粉　白胡椒粉　盐　白糖

步骤

步骤一：

蟹清理干净，切成四块，加少许盐和白胡椒粉、1勺料酒腌制10分钟。

步骤二：

切口处蘸取玉米淀粉，起锅热油，中小火将蟹煎熟备用。洋葱切末，干辣椒切段。

步骤三：

炒锅内热油，下洋葱末、蒜末、干辣椒段炒出香味，加入面包糠翻炒均匀。

步骤四：

将煎好的蟹倒进去翻炒，再放适量盐、白胡椒粉、白糖调味，最后撒上葱花即可。

鲜掉眉毛的

水蟹粥

澳门

水蟹粥起源于澳门，得益于当地独特的咸淡水交汇环境孕育的优质水蟹。除了水蟹，通常还会加入膏蟹、肉蟹、虾、蚝等海鲜，它集合了水蟹的鲜美、膏蟹的醇厚、肉蟹的丰腴，味道鲜美，蟹香浓郁。水蟹粥富含蛋白质、矿物质及氨基酸，具有滋养身体、清热解毒、养筋活血等功效。

食材

虾

蟹

姜丝

葱花

米

白胡椒粉

猪油

盐

步骤

步骤一：

虾、蟹清理干净，虾去虾线，剪虾头备用，蟹剪成四块。

步骤二：

锅内放少许猪油，放姜丝煸香，放虾头炒出虾油后捞出虾头，加适量的清水，煮开后放米，水和米的比例10：1左右，煮约30分钟，期间偶尔搅拌。

步骤三：

将处理好的蟹和虾放入粥中，煮5分钟。

步骤四：

关火后放适量的盐和白胡椒粉调味，最后撒上葱花即可。

丰富多样的华中地区美食

本书选取了代表性菜品中相对方便制作的，
在后边内容中进行制作方法的完整呈现。

龙门石窟
河南烩面
胡辣汤
道口烧鸡
武昌鱼
鲤鱼焙面
热干面
黄鹤楼
三鲜豆皮
糯米圆子
排骨藕汤

闻着臭吃着香的

臭豆腐

湖南

长沙臭豆腐是湖南省长沙市的一道传统特色小吃，属于湘菜。它以臭豆腐为主料烹制，其色墨黑，外焦里嫩，鲜而香辣，焦脆而不糊，细嫩而不腻，“闻起来臭，吃起来香”。

食材

臭豆腐生胚

榨菜末

蒜末

香菜

葱花

小米椒

油

生抽

蚝油

白芝麻

孜然粉

辣椒面

步骤

步骤一：

臭豆腐生胚泡水3分钟。小米椒切末，香菜切小段备用。

步骤二：

准备调料汁：蒜末、葱花、香菜段、小米椒碎、榨菜末、1勺白芝麻、1勺孜然粉、1勺辣椒面，淋上热油，再倒入半勺生抽、半勺蚝油调味拌匀。

步骤三：

起锅油温8成热开始炸臭豆腐，臭豆腐表面酥硬浮起即可。

步骤四：

臭豆腐中间戳小洞，灌入调料汁即可。

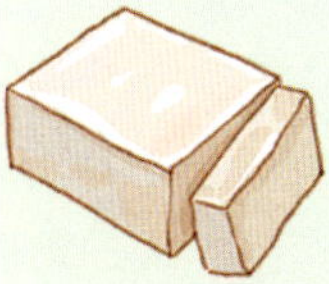

也可选普通老豆腐制作，去掉步骤一，改为豆腐切厚方块即可。

念念不忘的

剁椒鱼头

湖南

剁椒鱼头是湖南省的传统名菜，属于湘菜系。鱼头在中国传统文化中象征“鸿运当头”，红色的剁椒更在视觉上增添吉祥好运的美好寓意。这道菜通常以鳙鱼鱼头、剁椒为主料，配以豉油、姜、葱、蒜等辅料蒸制而成。菜品色泽红亮、鲜辣适口。

食材

鱼头　剁椒　泡椒　豆豉　姜蒜末　小葱　姜片

油　蒸鱼豉油　蚝油　料酒　白胡椒粉　味精　白糖　盐

步骤

步骤一：

鱼头洗干净，用少许盐、料酒、姜片腌制20分钟。泡椒切碎，小葱切段。

步骤二：

锅热放油，下姜蒜末、泡椒、剁椒炒香，然后加豆豉、1勺蚝油、2勺蒸鱼豉油、半勺白糖、适量白胡椒粉、味精炒匀备用。

步骤三：

腌制好的鱼头平铺在盘中，将炒好的剁椒酱盖满整个鱼头。

步骤四：

水烧开后，将剁椒鱼头放进蒸锅，盖盖大火蒸15分钟，蒸好的鱼头取出，放上小葱段，淋上热油即可。

宝藏宵夜的

口味虾

湖南

口味虾又名麻辣小龙虾，是湖南省的一道传统名菜，属于湘菜系，20世纪末开始传遍全国，成为夏夜街边啤酒摊的经典小吃。主料所用小龙虾生长在中国南方的河湖池沼中，尤以湖南长沙、江苏盱眙、湖北潜江所产的小龙虾为优。

食材

小龙虾　火锅底料　小葱姜蒜　香料　干辣椒　花椒　洋葱　黄瓜

油　生抽　蚝油　啤酒　豆瓣酱　孜然粉　白胡椒粉　白糖　香菜

步骤

步骤一：

小龙虾去虾线，剪掉虾头的前半段，然后清洗干净；姜、蒜切片，黄瓜切条，洋葱切片，干辣椒切段，小葱切成葱花备用。

步骤二：

起锅多倒点油，油热后放虾炸至变色，起锅控油。

步骤三：

锅中留适量油，小火，放香料、洋葱、干辣椒段、花椒、姜片、蒜片炒香，加入1勺豆瓣酱、1块火锅底料翻炒，然后下小龙虾翻炒均匀。

步骤四：

接着倒入1罐啤酒、1勺生抽、1勺蚝油、1勺白糖和适量的孜然粉、白胡椒粉，大火煮开后转小火炖15分钟左右。

步骤五：

倒入黄瓜条、香菜段、葱花，大火收汁起锅。

健脾开胃的

小炒黄牛肉

湖南

小炒黄牛肉起源于湖南，清朝时期便受欢迎，是当时体力劳动者所创，成为了湘菜的经典代表之一。它选用新鲜黄牛肉，通常是牛里脊肉、牛肩肉，这些部位的肉质较为嫩滑，搭配辣椒等辅料，香辣可口，鲜嫩多汁。此菜有助于增强体力、促进血液循环，兼具美味与营养。

食材

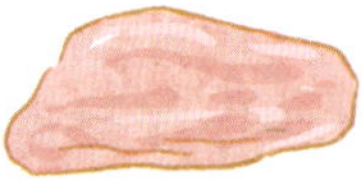

牛里脊肉

泡椒

香菜

蒜末

青红小米辣

油

生抽

料酒

玉米淀粉

白胡椒粉

盐

步骤

步骤一：

牛里脊肉切片，放2勺玉米淀粉、1勺生抽、1勺料酒、少许白胡椒粉腌制10分钟左右。

步骤二：

小米辣、泡椒切圈，香菜切段。

步骤三：

热锅冷油倒入牛肉炒至变色捞出，留油放蒜末、小米辣、泡椒炒出香味，接着倒入牛肉和香菜段翻炒均匀。

步骤四：

放少许盐、生抽，翻炒均匀出锅。

下饭神器的

辣椒炒肉

湖南

辣椒炒肉以辣椒和五花肉为主要食材，是湖南人家家户户必吃的招牌“土菜”，也是湘菜代表性的菜肴之一。辣椒的选用十分讲究，通常选用新鲜的青红椒或螺丝椒，这些辣椒可增添浓郁的辣味和香气。

食材

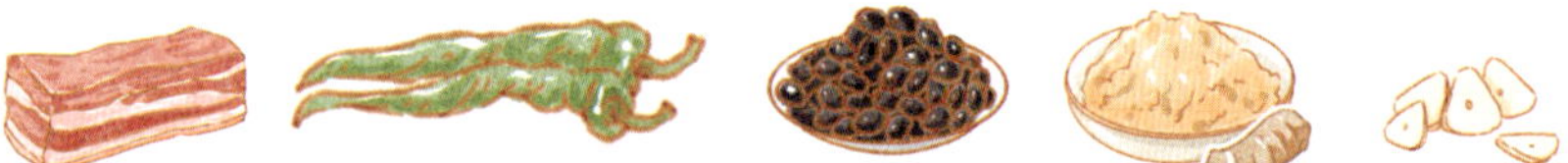

五花肉　辣椒　豆豉　姜末　蒜片

油　生抽　香油　料酒　玉米淀粉　盐

步骤

步骤一：

辣椒切段，五花肉洗净去皮切片，加1勺生抽、1勺香油、少许玉米淀粉腌制10分钟。

步骤二：

起锅热油下肉煸炒，炒至两面金黄，微微卷起。然后放姜末、蒜片和豆豉翻炒，放1勺料酒去腥，再加1勺生抽调色翻炒均匀。

步骤三：

将辣椒块倒入锅中，转大火快速翻炒2~3 分钟，放适量盐调味，翻炒均匀后装盘。

开胃爽口的

擂椒皮蛋

湖南

擂椒皮蛋也称烧椒皮蛋，源于湖南，是湘菜中的经典。关于擂椒皮蛋的起源，一种说法是这道菜最初由一位民间厨师发明。“擂”是制作的关键，用擂棍和擂钵将食材捣碎，赋予了这道菜独特的口感和风味。擂椒皮蛋融合了辣椒的香辣与皮蛋的鲜美，可增进食欲。

食材

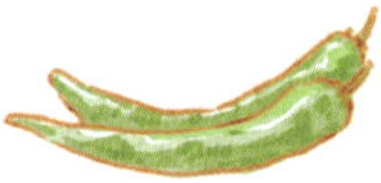

青椒（二荆条）

皮蛋

蒜末

生抽

香油

醋

盐

白糖

步骤

步骤一：

起锅不放油，青椒直接放锅里，中火不停按压，烤至虎皮状后盛出剥皮。

步骤二：

皮蛋剥壳后和辣椒一起放进容器。

步骤三：

辣椒皮蛋中放适量的蒜末、1勺生抽、1勺醋、1勺香油、少许白糖和盐，一起捣碎拌匀即可。

补肾驱寒的

河南烩面

📍 河南

河南作为农业大省，小麦是主要农作物。烩面是一种集素食、汤食、荤食、主食于一体的美食，用面粉为原料，辅以高汤及多种配菜，汤好面筋，经济实惠，是河南三大小吃之一。

食材

面粉

羊肉

木耳

黄花菜

粉条

油

蚝油

白胡椒粉

盐

香菜

葱花

步骤

步骤一：

面粉加适量的清水和少许盐搅拌成絮状，揉成面团，饧面20分钟，再次揉搓光滑，切成小剂子，先揉成圆柱状，再擀成椭圆形面片，面皮上刷油后叠在一起，盖上保鲜膜备用。

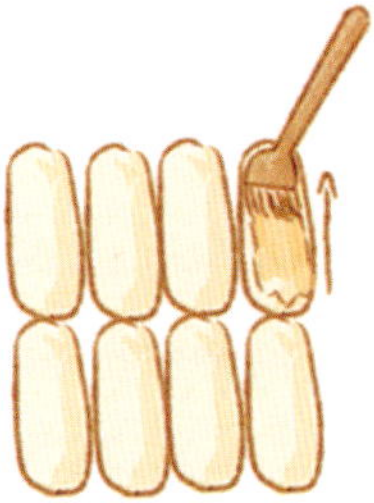

步骤二：

羊肉切片，锅热加少许油，放入羊肉煸炒，随后加入葱花炒出香味，加入开水，煮开后放少许盐、白胡椒粉和蚝油调味，继续煮 5~10 分钟。

步骤三：

将提前泡发好的木耳、黄花菜、粉条放入羊汤中，然后将面皮扯成长一点的薄皮下锅，煮熟后撒上香菜碎、葱花即可出锅。

酣畅痛快的

胡辣汤

河南

胡辣汤起源于北宋御膳房，后流传至民间并经过改良，成为中原地区特色小吃。其独特的香辣口感和丰富的配料，深受食客的喜欢。寒冷的冬天，一碗胡辣汤，暖身又暖心，能增强免疫力、促进消化、温中祛寒。

食材

熟牛肉　粉条　面筋　黄花菜　豆皮

花生　木耳　姜蒜末　白胡椒粉　花椒粉　盐

油　生抽　老抽　香油　香醋　玉米淀粉　葱花

步骤

步骤一：

提前将粉条、黄花菜、木耳、豆皮泡发，泡发后洗净切丝备用；熟牛肉切片。

步骤二：

准备调料汁：2勺香醋、2勺生抽、1勺老抽、1勺香油、半勺白胡椒粉、半勺花椒粉、少许盐，搅拌均匀。

步骤三：

起锅热油，放姜蒜末爆香，然后加水，水开后放入准备好的花生、配菜、调料汁煮5分钟。

步骤四：

接着倒入准备好的水淀粉，边倒边搅拌，稍煮片刻，撒上葱花出锅即可。

过早首选的

热干面

📍 湖北

热干面起源于20世纪30年代，成为武汉人早餐必不可少的食物。它以碱水面、芝麻酱为主料，富含蛋白质、碳水化合物等，能迅速补充能量，且芝麻酱中的不饱和脂肪酸有益肝脏健康。热干面口感筋道，香气四溢，是颇具特色的过早（武汉人吃早餐的俗称）小吃。

食材

碱水面　酸豆角　萝卜干　辣椒油　蒜水　葱花

生抽　老抽　香油　芝麻酱　白芝麻　味精　盐　白胡椒粉

步骤

步骤一：

准备调料汁：2勺生抽、半勺老抽、1勺辣椒油、2勺蒜水、1勺白芝麻、2勺芝麻酱、少许盐、味精、白胡椒粉。

步骤二：

起锅烧水，水开下面煮5~6分钟，捞出沥干，加1勺香油拌匀挑散。

步骤三：

沥干的面条放碗中加调料汁、葱花、萝卜干、酸豆角拌匀即可。

蒜水的制作方法：
碗里放蒜末，加入凉开水浸泡片刻。

糯叽叽的

三鲜豆皮

湖北

三鲜豆皮源于三国，传说由诸葛亮发明，后成为武汉特色早点。其以糯米、豆皮为主料，鲜肉、鲜蛋、鲜菇等为馅，豆皮通常用大米和绿豆磨成浆制作（家庭简易制作也可用面粉代替），是湖北饮食文化的重要代表。

食材

五花肉

豆干

干香菇

面粉

糯米

油

生抽

老抽

蚝油

葱花

鸡蛋

盐

白胡椒粉

步骤

步骤一：

干香菇提前泡发。香菇、豆干、五花肉切丁。起锅将五花肉丁煸出油脂，然后下香菇丁、豆干继续翻炒。放适量白胡椒粉、盐、生抽、老抽、蚝油调味。再倒入没过食材的水，中小火炖煮30分钟。

步骤二：

糯米提前泡发2小时，然后捞出上锅蒸30分钟，放凉备用。

步骤三：

半碗面粉加清水和少许盐调成面糊，平底锅小火刷薄油，摊成薄饼状，定型后将打散的蛋液均匀抹在面皮上，蛋液凝固后，将豆皮翻面煎至两面金黄。

步骤四：

豆皮铺上糯米和卤料。将四个边都折上后翻面，最后撒上葱花，用铲子切成块即可。

粉糯润燥的

排骨藕汤

湖北

排骨藕汤是湖北省的一道传统名菜，在湖北，有“无汤不成席”的说法，湖北又盛产莲藕，尤其是洪湖莲藕，故湖北人喜欢用藕和肉骨头煨汤。排骨藕汤具有清热凉血、补钙壮骨、补脾健胃等功效，承载着湖北人对生活的热爱和待客的热情。

食材

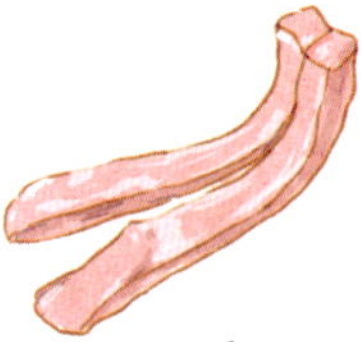

排骨

粉藕

姜片

花椒

油

料酒

白胡椒粉

盐

葱段

葱花

步骤

步骤一：

排骨洗净后冷水下锅，放葱段、姜片、料酒焯水后捞出。

步骤二：

粉藕去皮洗净，切块。

步骤三：

起锅热油，下排骨翻炒，放姜片、花椒粒炒香后倒入足量开水。连肉带汤转入炖锅炖煮。

步骤四：

大火烧开后转中小火炖30分钟后，再下藕块小火炖1.5小时左右，关火前5分钟放适量盐和白胡椒粉调味。出锅撒上葱花即可。

味浓醇厚的
华北地区美食

本书选取了代表性菜品中相对方便制作的，在后边内容中进行制作方法的完整呈现。

煎饼果子
天津之眼
香河肉饼
天津麻花
狗不理包子
长信宫灯
刀削面
双塔寺
驴肉火烧
奶皮子
蒙古包
烤全羊
羊肉烧麦

面码讲究的

北京炸酱面

北京

北京炸酱面被誉为“中国十大面条”之一，其历史可追溯到辽金时期，是北方家庭餐桌上的常见主食。到了清朝时期，炸酱面逐渐成为宫廷御膳，落户北京。

食材

面条　五花肉　黄瓜　胡萝卜　甜面酱　黄豆酱

油　生抽　老抽　玉米淀粉　味精　姜蒜末　大葱　盐　白糖

步骤

步骤一：

准备调料汁：2勺甜面酱、1勺黄豆酱、1勺生抽、半勺老抽、半勺白糖、半勺玉米淀粉加少许清水拌匀。

步骤二：

五花肉切小肉丁；大葱切葱末；黄瓜、胡萝卜切丝。

步骤三：

起锅倒油，下肉丁炒至变色，再下姜蒜末、葱末，翻炒均匀后倒入调料汁继续翻炒几分钟即可。

步骤四：

起锅烧水，水开下面条煮熟后捞出过下凉水，然后将肉酱浇在面条上，铺上黄瓜丝和胡萝卜丝拌匀即可。

以形补形的

卤煮火烧

北京

卤煮火烧是北京的传统特色小吃，起源于清朝，普通人吃不起猪肉，就将猪肠、猪肺等食材与火烧一起炖煮，汤汁浓厚，口味咸香，深受北京人的喜爱，逐渐流传开来。

食材

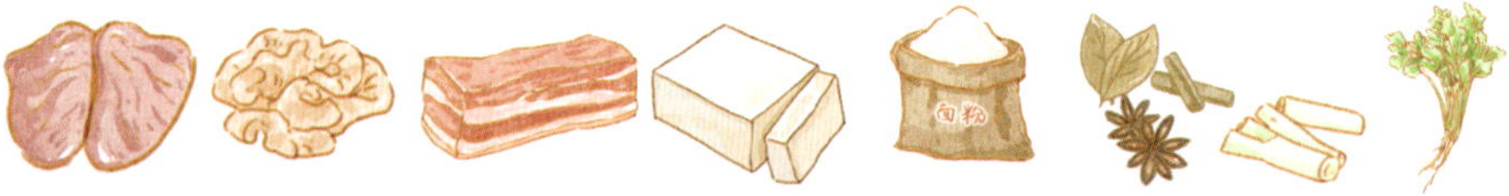

猪肺　肥肠　五花肉　老豆腐　面粉　香料　葱段　香菜

油　生抽　料酒　豆瓣酱　黄豆酱　豆豉　蒜末　盐　姜片

步骤

步骤一：

肉类食材清洗干净后切块，冷水下锅放葱段、姜片、料酒焯水，焯好的食材放入锅中，加热水、香料、葱段、姜片、生抽、盐、黄豆酱小火炖煮30分钟。

步骤二：

面粉加清水和适量盐，揉成面团，饧面40分钟后，烙成面饼。老豆腐切成片炸至表皮焦黄备用。

步骤三：

炒锅中倒油，放蒜末、豆瓣酱和豆豉炒出香味。然后将炖煮好的食材倒入炒锅中，加入炸好的豆腐和面饼，小火煮20分钟。

步骤四：

把煮好的肥肠捞出切小段，猪肺、五花肉切片，火烧切井字刀，炸豆腐切成片。全部切好后放入碗中，浇上原汤，放香菜即可。

转着圈吃的

炒肝

北京

北京炒肝可追溯到宋代，由“熬肝”和“炒肺”演变而来，后在清朝同治年间由会仙居发扬光大。它以猪肝、大肠为主料，汤汁油亮酱红，味浓不腻。老北京人在吃炒肝时，通常不用勺子和筷子，而是用手托碗，转着圈吃。

食材

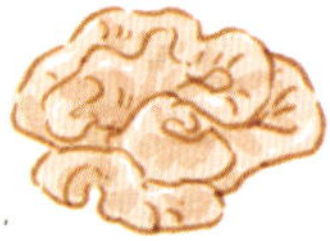

肥肠

猪肝

葱段

香料

姜片

老抽

料酒

玉米淀粉

蒜末

花椒

步骤

步骤一：

肥肠清洗干净后，冷水下锅加葱段、姜片、花椒、料酒焯水。

步骤二：

焯水后的肥肠切小段，加水、料酒、花椒、香料、葱段、姜片，炖煮40分钟，然后滤掉料渣待用。

步骤三：

猪肝切薄片，清水清洗干净后加玉米淀粉抓匀。起锅烧水，水开后加1勺料酒，然后下猪肝30秒后关火，用筷子搅动一下让猪肝受热均匀后捞出备用。

步骤四：

煮好的肥肠和汤倒入炒锅中，大火煮开后加老抽上色，然后放入猪肝，分3次倒水淀粉勾芡，最后多撒些蒜末出锅即可。

吉祥如意的

门钉肉饼

北京

门钉肉饼是北京的传统小吃，因形状像城门上的门钉而得名。据传，其起源与慈禧太后有关，御厨为讨其欢心而创制。门钉在古代象征身份地位，慈禧太后对门钉肉饼颇为喜爱，使得这一小吃流传至今，成为北京特色美食之一。

食材

面粉

牛肉末

洋葱

鸡蛋

盐

油

生抽

味精

十三香

白糖

步骤

步骤一：

面粉加适量的清水揉成面团，饧发30分钟左右。

步骤二：

牛肉末里加1个鸡蛋、适量的生抽、盐、白糖、味精、十三香调味，再放入切碎的洋葱丁拌匀备用。

步骤三：

将饧发好的面团分成小剂子，擀成比较薄的面皮，放上肉馅收口。收口朝下，搓成圆状的生坯。

步骤四：

电饼铛加热，刷上一层油，放入肉饼，再加少许清水，盖上锅盖，5~6分钟后锅内水基本收干、底部煎成金黄色时，将饼翻面煎至金黄色即可。

幸福团圆的

糖葫芦

北京

糖葫芦又名冰糖葫芦，是中国传统小吃。据《燕京岁时记》记载，其历史可追溯至宋朝，当时已有用糖裹水果的做法。明清时期，糖葫芦在北京等地盛行，成为冬季街头美食，象征着幸福和团圆，寓意吉祥如意。

食材

草莓

青提

山楂

白糖

竹签

步骤

步骤一：

水果清洗干净，控干水分，用竹签串好。

步骤二：

起锅加300克白糖和200毫升清水，开中火把糖熬融化后转小火。（全程不要搅拌）

步骤三：

熬到糖浆浓稠冒小泡泡，用筷子蘸点糖浆过凉水，咬一下不粘牙即可。

步骤四：

火开到最小，水果串快速裹上糖浆，放凉冷却即可。

一套一套的

煎饼果子

天津

煎饼果子是天津著名小吃，天津人将它作早点。将面糊摊在滚烫的铁铛上煎成饼，卷起一根果子（油条），抹上面酱，简单却让人满足。一口脆香，承载着天津街头巷尾的烟火气，也藏着老天津卫特有的生活味道。

食材

面粉

油条

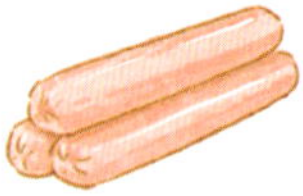

火腿肠

生菜

肉松

油

黑芝麻

甜面酱

鸡蛋

盐

步骤

步骤一：

面粉加清水和少许盐搅拌成酸奶状的面糊。

步骤二：

电饼铛加热后刷一层油，倒入适量面糊，用刮板摊开，定型后打入鸡蛋，涂抹均匀后撒上黑芝麻，蛋液凝固后翻面。

步骤三：

刷上甜面酱，放生菜叶、火腿肠、肉松、油条等食材，然后把煎饼卷好切成两半即可。

有点功夫的

刀削面

山西

在山西地区，刀削面不仅是一种美食，更是一种文化符号。据传山西刀削面是唐朝驸马柴绍发明，柴绍常年征战沙场，没有合适的厨具，刀削面全凭刀削，因此得名。用刀削出的面叶中厚边薄，棱锋分明，形似柳叶。

食材

面粉

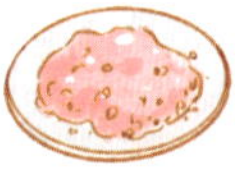
猪肉末

姜蒜末

鸡蛋

豆干

葱花

香料

油

老抽

香醋

料酒

味精

盐

步骤

步骤一：

面粉少量多次加入清水，和少量的盐，揉成面团。将面团包起来，饧面30分钟，再揉一次，再次饧面30分钟，直到面团光滑饱满。

步骤二：

起锅烧油，放入猪肉末炒出油脂，再放入姜蒜末、葱花和适量的料酒、香醋、老抽、盐、味精、香料翻炒均匀，最后加入没过食材稍多一点的水，放入几个煮好剥皮的鸡蛋和豆干，炖煮30分钟左右。

步骤三：

起锅烧水，水开后将面团拿在手上，用刀削成面叶，放入开水中煮熟。将煮好的面条捞至碗中，加上臊子和汤汁，最后撒上葱花即可。

一锅一饼的

香河肉饼

河北

香河肉饼是河北乃至北方地区饮食文化的重要代表，体现了北方人豪爽、实在的性格特点，其皮薄馅大、肉香四溢，让人吃得实在、满足，非常符合北方人的饮食习惯。香河肉饼现已成为香河县的一张特色文化名片，代表着香河县的地域文化特色。

食材

面粉

牛肉末

姜末

大葱

油

生抽

老抽

蚝油

黑胡椒粉

味精

盐

步骤

步骤一：

面粉加温水和少许食用油、盐搅拌成絮状，揉成光滑的面团，饧发30分钟，将饧发好的面团分成若干个小面团。

步骤二：

大葱切末，牛肉末加入适量的姜末、生抽、蚝油、老抽、黑胡椒粉、盐和味精调味，再加大葱末搅拌均匀。

步骤三：

饧发好的面团擀成薄皮，放入牛肉馅，肉馅均匀平铺在面皮上，再盖上一张面皮，面皮边缘捏紧收好。

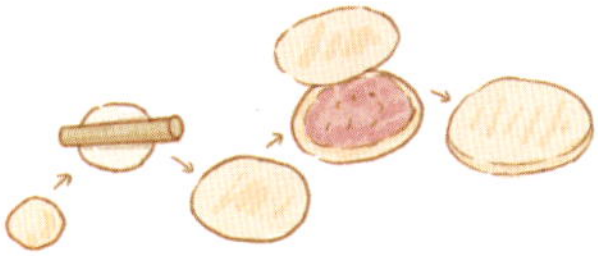

步骤四：

电饼铛加热后刷一层油，油热后将肉饼放入锅中，中小火烙至一面金黄后翻面，直到两面金黄、熟透即可。

原始魅力的

烤全羊

内蒙古

烤全羊在蒙古族文化中占有重要地位，是蒙古民族的“餐中之尊”。它象征着丰收、吉祥和团结，也体现了蒙古族人民对美食的热爱和追求。在蒙古族的各种庆典和宴会上，烤全羊都是一道不可或缺的佳肴。家庭简易版做法可以用羊腿代替全羊，用烤箱烤制。

食材

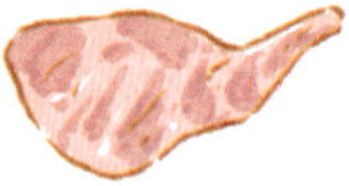

羊腿

葱段

姜片

辣椒面

盐

油

生抽

蚝油

料酒

黑胡椒粉

孜然粉

步骤

（可根据羊腿大小适当调整烤制时间和温度）

步骤一：

羊腿清洗干净后擦干，表面切几刀，加入适量的生抽、蚝油、料酒、盐、葱段、姜片、孜然粉、黑胡椒粉腌制1小时以上，可多次揉搓，方便入味。

步骤二：

羊腿用锡纸包好放进烤箱，烤箱上下火200度，烤制45分钟。

步骤三：

取出羊腿剥开锡纸，食用油刷一下羊腿表面。再撒上孜然粉、辣椒面，将羊腿放回烤箱，上下火220度，烤15分钟左右。

步骤四：

给羊腿翻面，食用油刷一下羊腿表面，再撒上孜然粉、辣椒面，上下火220度，再烤15分钟即可。

我的城市地标

重庆 · 解放碑

重庆 · 来福士

成都 · 宽窄巷子

重庆 · 大剧院

西藏 · 藏佛塔

甘肃 · 莫高窟

贵州 · 黄果树大瀑布

西安 · 永宁门

云南 · 玉龙雪山

西安 · 半坡博物馆

西安 · 大唐不夜城

云南 · 勐泐王宫

新疆 · 国际大巴扎

哈尔滨●大剧院

哈尔滨●圣·索菲亚教堂

吉林●长白山

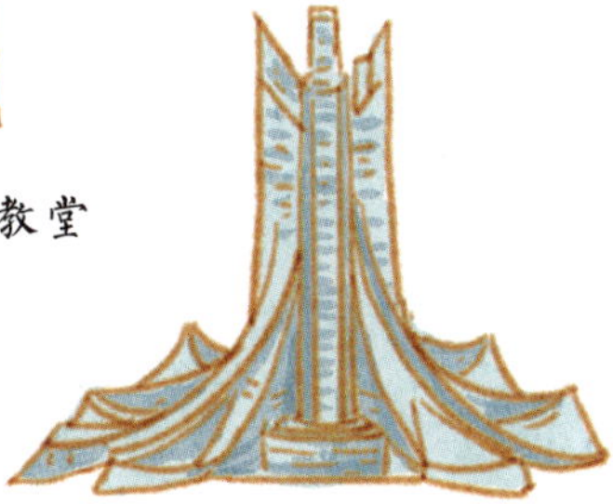

哈尔滨●冰雪大世界

湖南●岳阳楼

哈尔滨●人民防洪胜利纪念塔

杭州●奥体中心体育场

杭州●西湖

杭州●西湖湖心亭

桂林●象鼻山

吉林●激流勇进雕像

南京·总统府

广州·小蛮腰

广州·铜钱大楼

厦门·月光环

福建·土楼

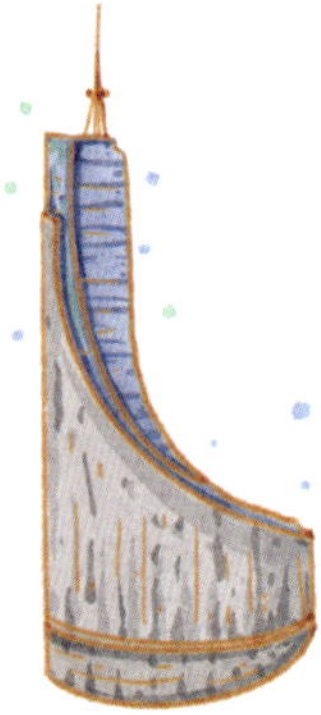

安徽·合肥广播电视中心

广州·猎德大桥

安徽·黄山

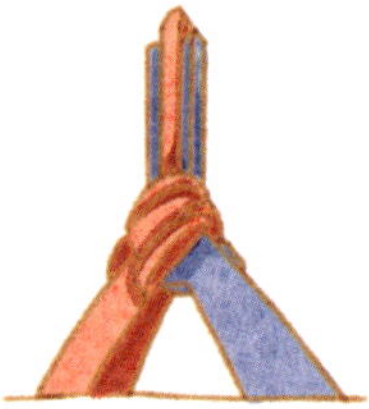

广西·山海相连

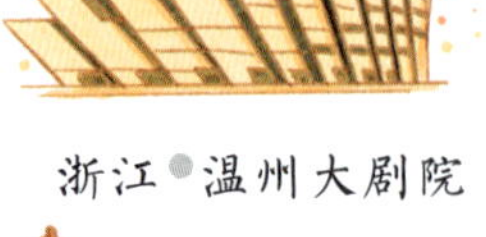

浙江·温州大剧院

山东·五四广场

台湾·101大楼

上海·东方明珠

厦门·双子塔

湖南●张家界

湖南●长沙IFS的KAWS雕像

澳门●金莲花广场

湖南●爱晚亭

湖南●橘子洲

香港●金紫荆广场

太原●双塔寺

湖北●黄鹤楼

河南●龙门石窟

北京●天安门

天津●天津之眼

北京●长城

河北●京畿之门

我的美食日记

我的食材

沿虚线裁剪，动手制作自己的美食日记吧！

念念不忘中国菜
获取你的食材吧

我的厨具

沿虚线裁剪，动手制作自己的美食日记吧！

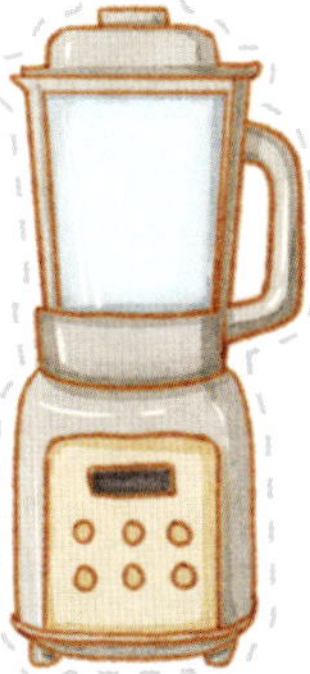

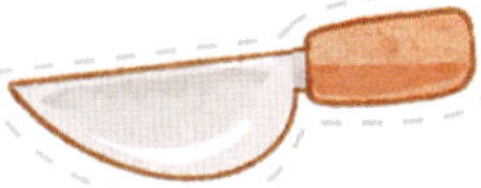

获取你的厨具吧

我的一日三餐

沿虚线裁剪，动手制作自己的美食日记吧！

念念不忘
中国菜
厨神认证